所有美好的远方，
都值得你为之
奋勇向前

赵彩霞　著

吉林出版集团股份有限公司

图书在版编目（CIP）数据

所有美好的远方，都值得你为之奋勇向前 / 赵彩霞著. — 长春：吉林出版集团股份有限公司，2018.7

ISBN 978-7-5581-5552-9

Ⅰ.①所… Ⅱ.①赵… Ⅲ.①成功心理 – 通俗读物

Ⅳ.①B848.4-49

中国版本图书馆CIP数据核字（2018）第158241号

所有美好的远方，都值得你为之奋勇向前

著　　者	赵彩霞	
责任编辑	王　平　史俊南	
开　　本	710mm×1000mm　　1/16	
字　　数	260千字	
印　　张	18	
版　　次	2018年10月第1版	
印　　次	2018年10月第1次印刷	
出　　版	吉林出版集团股份有限公司	
电　　话	总编办：010-63109269	
	发行部：010-67208886	
印　　刷	三河市天润建兴印务有限公司	

ISBN 978-7-5581-5552-9　　　　　　　　　　　定价：45.00元

CONTENTS 目录

第三章　不给自己的人生设限

第四章　抱怨的人生没有希望

第五章　别让它们成为绊脚石

第六章 作弊的人生没有前途

第一章

为自己争出
一个未来

{ 每一天都要活得 越来越像你爱的自己 }

前不久，我刚过了三十一岁生日。最近几年，形成了每次过生日就来回顾一下当年经历的习惯，所以照例胡乱写几句。

在过去的两个月里，我无意中到豆瓣来写日记，没想到居然还有人看。欣喜之余，忍不住多写了几篇，俗话说言多必失，有人看得很不爽，表示我写的文字污了他的眼目。前几天，甚至有人给我留言说："你一个中年大妈学小年轻一样整天在豆瓣上面发日记，就不感到害臊吗？"

我向来是个没涵养的人，看到这样的留言真是有点怒从胆边生。照这位姑娘的意思，中年大妈就该呆在家里哪都别去，否则就有丢人现眼的可能。可能她还小，自以为能够芳龄永继，对于她来说，女人活到三十岁就已经是人生极限了，还要出门嚷嚷的话最好拉去人道毁灭。

社会上对三十多岁的女人抱有同类观点的还真不少。曾经有个好友约我一起去逛内衣店，正好我身边带了个实习生小姑娘，她见我们在讨论哪种内衣更有诱惑力时，突然眨巴着大眼睛问："过了三十岁，老公还会碰你们吗？"望着小姑娘懵懂的大眼睛，我和好友哭笑不得。

可能在很多人的眼中，女人过了三十岁干巴得连性生活也没了，反正生儿育女的任务已经完成了。

我以为社会风气经过这么多年的变革，早就日新月异了，没想到还是有那么多人抱着"男人三十一枝花、女人三十豆腐渣"的陈腐观念，其中不乏年轻小姑娘，自恃青春美貌，认为自己与三十岁以后的女人根本不是同一种生物，提起对方来一律贬称为"大妈"或者"欧巴桑"。

我真不知道她们的优越感从何而来，姑娘啊，如果这种思想是某个自称婚姻不幸的大叔告诉你的，你让他离婚了再来找你试试看，保证他已溜之大吉了；如果你说这就是社会的主流价值观，我只能说，你以为你还生活在古老的宋朝吗？就算是在宋朝，李瓶儿孟玉楼这些性感多金的寡妇们在婚恋市场上比小姑娘可要抢手得多。再往前追溯一点，杨玉环死的时候已经三十六七了，唐明皇爱她的心，一点都没有疲倦。

现代人的青春期比以前长得多，很多女人到了三十岁才开始真正的人生，小野洋子三十岁才碰到约翰·列侬，罗琳三十岁才开始动手写《哈利·波特》。《欲望都市》里的四个女主角个个都是30+的大龄女子，她们拥有丰富多彩的精神生活和物质生活，刚刚热播的《咱们结婚吧》，高圆圆饰演的杨桃也已经年过三十，照旧水灵饱满得人喜爱。

我知道人们肯定不会把上述的这些女人称为"欧巴桑"，因为她们有名气，有钱，而且大多长得好。大多数年过三十的平凡女人籍籍无名，钱也不多，相貌平平，那么她们的人生是否就灰暗无聊就不值一过呢？我以我有限的人生经验担保，绝对不是这样的。

就我个人而言，对已经过去的青春岁月并没有太多留恋，我属于那种开窍晚的人，当很多人一早就确立了人生目标的时候，我却在懵懵懂懂地随波逐流，青春对于我来说，就是一段肉体上流光溢彩但是精神上苍白空虚的岁月。

相信很多人都和我有过类似的感受，当我们回顾自己的青春岁月时，都不禁为那时的矫情、浮躁和虚度光阴而羞愧。

有一次，我和我的朋友们曾做过这样一个心理测试，如果让你选择最想停留在人生的哪个阶段，你会如何选择？可能是人以类聚，我们都不约而同地选择了留在目前的阶段，没有人表示愿意回到十几二十岁的青春年华里。

一个朋友说："回到二十几岁？别傻了，那时候除了年轻点有什么，我可不想再要那种一穷二白的青春。"

是的，对于绝大多数没有背景也没有好爹的人来说，青春基本上就是一穷二白的，那时候的我们可能刚刚毕业，住在和人合租的小房子里，在单位里连口大气都不敢出，见人就喊"大哥大姐"，想起未来时，满心都是惶恐。偶尔有个大叔示示好，差点就成了人家的小三。

最关键的是，我们那时候对于想要成为什么样的人并没有确定的想法，或者说即使有那个想法，也没有相匹配的能力。

对于白手起家的年轻人来说，首要问题是先生存下去，不管有多难都挣扎着活下去，然后才有资格考虑活得怎么样的问题。也许人在青春时注定是受煎熬，可我们已经熬过来了，就再也不想回到那段难熬的岁月里去。

我和我的朋友们，大多已年过三十，走在奔四的路上，对于我们来说，现在就是我们的黄金时代。我们中有的好不容易离了婚，有的终于结了婚，有的已经决定终身不婚，更多的是早已结婚生子。相同的是，我们对已有的生活状态都还算满意，对未来也不再有那么多不切实际的期待。

古人说三十而立，并不仅仅指的只是男人，一个女人往往也要等到过了三十后，才会真正地"立"起来。

物质上，三十多岁可能已经有了自己的房子车子，在工作上基本也站稳了脚跟，不用再为生存而焦虑，事业上蒸蒸日上；精神上，人过三十之后，会越来越清楚自己想要的是什么，不想要的是什么，我的一个姐姐说，三十岁之前人在不停地做加法，追求这个追求那个，过了三十之后则开始学着做减法，专注于做自己真正擅长和喜欢的事。

三十岁的女人，已经不算很年轻了，但还没有老，更加没有死。你们以为女人过了三十就完了？还早着呢！

当然也有遗憾，那就是随着胶原蛋白的流失，我们一天天在变老。这是没有法子的事。所以当单位来了实习生时，姐姐们都会赞美说："年轻真好！青春真好！脸上抹点大宝就油光水滑了。"可是你要姐姐们真的和小姑娘互换，打死她们都不会干，至少，用惯了兰蔻雅诗兰黛的她们无论如何也接受不了大宝了。

青春确实很好，那时我们即使什么都没有，至少还有满腔热血和满怀梦想。

可是姑娘们，真的不用那么畏惧变老，每个年龄段都有它独特的美好之处，随着年龄日长，你没那么年轻没那么漂亮了，可是你会发现，自己没那么焦躁了，没那么惶恐了，当年在乎过的、焦虑过的，后来逐渐变得不值一提。十几岁的你会为一次考试没考好彻夜难眠，二十几岁的你会为上司一次训斥无地自容，现在的你回想看看，有什么大不了。

我现在还是常常会为一些小事而焦虑，一位姓张的大姐对我说："不用急，等你过了四十岁就好了。"

张姐刚刚满了四十岁不久，她说自己年少时比较晚熟，大学毕业生一直呆在某个小镇上混，直到年近三十的某天，忽然萌发了出去闯闯的勇气，于是毅然放弃体制内的工作，开始出来创业。和体制内的清闲生活相比，她过得很辛苦，但是也乐在其中，而且重拾起抛下了多年的笔，开始写写东西，前几年刚出了本散文集。显然，她很适应体制外的生活，回顾自己的前半生，她说："感觉以前都像白活了，还好，我现在终于知道自己最想要的生活状态是什么，那就是自由，无拘无束的感觉真好。"听她这样一说，我对自己即将到来的四十岁不禁多了几分期待。

张姐说，她特别喜欢李玟原唱的一首歌，叫做《自己》：每一天/都相信/

活得越来越像我爱的自己/我心中的自己/每一秒/都愿意/为爱放手去追寻……

　　姑娘们，既然变老难以避免，但是如果能够活得越来越像我爱的自己，那又有什么关系呢？我从来不讳言自己有多大了，我已经三十一岁了，那又怎么样？我只怕我配不上自己的年龄。

{ 别努力了一下子，
就自己感动到不行 }

我有一个表弟，目前在读大二，他跟我聊天说，自己受够了浑浑噩噩的日子，想要去努力，去学习一些技能，但开始容易坚持却很难，真正去做的时候往往会后劲不足，刚开始热情满满，渐渐地就会坚持不下去。而且，如果稍微付出一点儿努力，就会觉得自己好牛，感觉自己无比正能量，总是容易自我感动。

比如考英语六级这件事，因为他读的是一所普通的高校，很少有人去考，他决定试试看。在准备的过程中，他总是很想让别人知道自己在努力，甚至想获得别人的认可，比如每天去图书馆占完座位之后，他都会发一条状态，类似于"今天又是6点起床占座位！"这种。发完状态之后，如果别人给了点赞和肯定，他就会心花怒放，如果没有人回复或没人给予肯定，他的心情又很容易变得失落。

在这种心理状态下，他到底有多少时间是认真的用来备考呢？虽然他前前后后准备了大半年，结果我想大家也能猜到了。成绩出来后，他又极想获得别人的安慰，他心里想，"别人都没有勇气和决心去考，我准备了并去考了，无论结果怎么样，总是值得肯定的吧？"，如果别人没有给他想要的反馈，他又会陷入"我那么努力，也那么辛苦，你们都没看到么？"这种自怜的情绪中。

我相信大家身边一定不会缺少这种人，经常自诩自己多么的辛苦和不容易，比如熬夜写材料，感冒发烧了还上班，连续好多天只睡几个小时，加班很久没有假期等等。尤其是有一种人，自己加班了非要发个照片和状态，好像怕别人不知道似的，好像全世界就他最苦最累，如果别人没有给予赞美和同情，他又会感觉全世界就他最委屈似的。

这些人，一方面是需要获得外来的赞同和认可，另一方面又极易陷入自我感动和自我同情。其实，比你苦，比你累的人多了去了，如果这些东西也值得夸耀，那么任何一个农民工、清洁员、底层的劳动者都比你辛苦多了。

我曾经也是这种人，很容易被自己感动。比如有一次，我累死累活的连续熬夜几天做一个ppt，完工的那一刻我都被自己感动了，我觉得自己已经尽力了。但是第二天ppt放出来，却未得到领导和大家的认可，那一刻我内心满是委屈，我那么努力，不但没有得到认可，甚至没有一点同情，我真想说"你行你上啊！"

但是，这个社会就是这么赤裸裸和现实，大家都只想看结果，过程只能留给自己。如果你想要成功，就要默默地去努力，而不是吃了点苦或受了点委屈，就整天嚷嚷着"为什么我这么苦这么累，却得不到别人的认可与同情？"

成功之前，没有人会在乎你在过程中吃过多少苦，受过多少罪。现实生活中，很多人在遇到挫折或失败的打击时，都会产生一种悲观失望、自怜自艾的心情来。在这种情绪的笼罩下，人往往寄希望于他人能同情自己或伸出援手，如果没有，好多人就会变得一蹶不振，失去了重新开始的勇气。

但是，别人对你的认同和同情，除了能带给你一点心理安慰之外，又能改变什么呢？如果你习惯了同情自己，就容易变成懦夫，失去前行的动力！只有不断对自己进行鞭策和激励，积极的去反省和总结失败的原因，才会走出懦弱和自怜的心理陷阱。

就像卡尔维诺说的："这些年我一直提醒自己一件事情，千万不要自己感动自己。人难免天生有自怜的情绪，唯有时刻保持清醒，才能看清真正的价值在哪里。我们每人都有别人不知道的创伤，我们战斗就是为了摆脱这个创伤。"

如果你已经陷入这种既需要外界赞同又容易自我感动的状态，那么你可以问问自己以下几个问题：

1. 你为什么要努力？

是的，没有人要求你努力，那都是你自己的选择。你可以选择安逸的生活，也可以选择随波逐流，但是既然你选择了努力，那么这条路就注定是孤独的。

如果你想变得更好的初衷，只是为了给别人看，或者获得外来的认同，那么你永远不会有实质性的进步。只有在我们不需要外来的赞许时，才会变得自由。

2. 你真的够努力了么？

其实，大部分人只是看似努力而已，而困扰他们的其实是不够努力却不满足。

比你辛苦，比你努力的人多的很。关注过NBA的人一定知道科比的故事，曾经有个记者问他为何能如此成功的秘诀，科比问他："你知道洛杉矶清晨四点钟的样子么？"记者说不知道，科比说："我知道洛杉矶每一天清晨四点钟的样子。"

许多比你成功的人却比你还努力，所以，不要再抱怨为什么自己努力了却没有成功了，或许问题只是因为你根本不够努力。

3. 你明白努力和吃苦的区别么？

有的人会说，我努力了，也吃了那么多苦，但是还没成功，所以你说的努力都是骗人的，都是鸡汤。一方面，你要明白，努力了不一定成功，但不努力就一定不会成功。另一方面，你要懂得努力和吃苦是两码事。

如果光讲吃苦这一点，那么任何一个体力劳动者都比你辛苦，如果你没有目标，没有梦想的指引，没有具体可实施的策略，只是在拼吃苦，你又怎么可能成功呢？自我感动式的努力往往会让人懈怠，行动上的忙碌更掩盖不了思想上的懒惰。

　　4. 最后一个问题，你坚持了么？

　　首先你要问问，自己是否太过急于求成和急功近利了？你做了多久就想出成绩呢？好多科学家和成功的人，都是呕心沥血一辈子，才做成一件事。

　　还是举科比的例子，其实那句著名的"四点钟"后面还有一段话：

　　"每天洛杉矶早上四点仍然在黑暗中，我就起床行走在黑暗的洛杉矶街道上。一天过去了，洛杉矶的黑暗没有丝毫改变；两天过去了，黑暗依然没有半点改变；十多年过去了，洛杉矶街道早上四点的黑暗仍然没有改变，但我却已变成了肌肉强健，有体能、有力量，有着很高投篮命中率的运动员。"

　　所以，你坚持了么？是不是别人告诉你不可能，你就放弃了呢？其实，成功有时候很简单，那就是只做一件事，并坚持做一件事。

　　如果你还在困惑，那么你应该认真的想一想问题到底出在哪里，就像我在《你需要的不是意义，而是行动和努力》这篇文章里提到的七类人，你到底处于哪个阶段？是仍在空想还是已经行动了？如果你行动了，那你真的努力了么？如果你已经努力了，那么你坚持了么？

　　如果你没有去尝试过，就不该说做不到，如果你没有真的努力过，也不配谈无力感，更不应该陷入自我同情与自我感动的虚幻中。最怕的就是不自知亦不努力，不努力却又不满足。

　　同情和感动是人类的正常心理感受，尤其是现在社会中，人都这么麻木冷漠，适当的自我同情和自我安慰没有什么不好。但当感动变成一种不经过大脑思考的条件反射，这种同情往往会遮蔽了我们的真实感受。自我同情和自我感动如果生出一种优越感来，而且还想要别人也对你同情和感动，那就不对了。

　　就像《挪威的森林》里永泽对男主角说的："不要同情自己！同情自己是卑劣懦夫干的勾当。"

{ 生活哪有什么胜利可言，挺住就意味着一切 }

嘿！小子。

很抱歉在这个时候与你在街头相遇。

此刻你正走在人群中，哭得像个傻瓜。

对不起，我只能看着你，我不能安慰你，没有人能安慰你。

我知道你刚刚接到一通电话，电话那端，你可爱的女朋友跟你说，我们到此结束。就好像你们的恋情是一辆在马路上疾驰的汽车，你刚刚进入状态，还在畅想着未来，她就直接拉了手刹，把你的豪情壮志直接憋死在发动机里，让你有一种逆精回血的疼痛感。

我也知道，你告别校园，孤身一人来到魔都，周围没有一个朋友，没有一个同学，没有一个熟悉的面孔，你只有你自己。

作为新人，你专业不对口，你什么都不会，你只能从头学起。你战战兢兢地在公司打杂，恨不得记下老板说的每一句话。你越是害怕出差错，就越是容易出差错。你每天早上第一个打卡，每天晚上最后一个离开公司。你害怕被人瞧不起，你想尽快上手，你只能把所有的时间和精力都放在工作上。

工作第一个月，你瘦了10斤，一整个月都没有梦遗。

你月薪只有3500块，税后3000块，其中房租1000块。你早饭只敢花2块钱买手抓饼，午饭和晚饭只吃不超过15块的兰州拉面。

即便这样，去掉交通费、网费、电话费……你的工资所剩无几，每个月

20号你钱包已经告急，等着盼着发工资，好犒劳自己一顿，吃一份多加牛肉的拉面。

周末，你拒绝了姑娘去咖啡馆坐坐的邀约，不是你不想见她，而是你心疼那杯25块的咖啡。

你尽可能地逃避所有的聚餐，不是你不合群，而是舍不得人均50块、就像抢钱似的一顿晚餐。

加班到深夜，你打车回去，一路上忐忑地盯着计价器，又要躲避司机轻蔑的眼神，计价器每跳动一下，你的心就跟着抽搐一下。

你忍不住问自己，连车都打不起的人，有什么资格谈论理想？

你在这个城市物质层面上活得没有尊严，你出了校门，第一次意识到钱的重要性。直到女朋友和你说了分手，你觉得在精神层面上，你也变成了弱势群体。

你每年工资的涨幅是10%，而这个城市房价的涨幅让你目瞪口呆。终此一生，你的工资只是和房价进行龟兔赛跑。

你想跟女朋友在大城市买一栋房子，安一个家，在这里有一张可以安睡的床。

对不起，这只是一个不切实际的梦，你永远跑不赢通货膨胀。

毕业之后，你本可以在老家过得安安稳稳，你可以有车有房，在老爸老妈给你打好的基础上，轻轻松松地活着。

可是你偏偏年少气盛，被一种叫作"理想"的东西迷住了心窍，你眼里看不到生活里真实的困难，你把一切想象得都过于美好。你唱着"管他山高水又深，也不能阻挡我奔前程"，你踌躇满志，觉得自有理想的少年天下无敌。

直到这个时刻。

你终于开始怀疑。你开始怀疑自己，怀疑自己的能力，怀疑自己来这里的目的。

从相信一切，变成怀疑一切。

你陷入孤独，深邃得就像是黑洞般的孤独。

你不能告诉父母你过得不好，每次打电话你都强颜欢笑。

你害怕周五，因为周五之后就是周末，周末就意味着你要一个人过两天。

你不敢出门，你害怕花钱，你害怕被人瞧不起。

这段日子，你尤其害怕一个人。你唱"为何要有周末，强迫我没事做，时间一旦变多，就会有空想起寂寞"。

你以前觉得一个大男人说寂寞、说孤独真是矫情。

现在你比谁都矫情，你听到情歌都落泪，好像所有的情歌都是在嘲笑你。

你看着马路上飞驰而过、引擎轰鸣的跑车竖起了中指。

你想大声质问，这些富二代为什么就能不劳而获？为什么他们能开跑车，你却只能挤地铁？为什么他们夜夜泡妞，你却只能天天吃泡面？为什么人家穿阿玛尼，我却只能穿地摊货？你本来就一无所有，为什么连你唯一的女朋友也要离开你？

你觉得这一切不公平。

你觉得命运在戏弄你。

你想要逃离这里，回到你的家乡，找一份说得过去的工作，过上虽然波澜不惊但足够体面的生活。

你生活在二、三线城市的同学，都已经买房了，结婚了，儿子都已经骑在脖子上撒尿了。

你呢？

你工资少得可怜，银行没有积蓄，你能养活自己、不找父母要钱、不当啃老族已经谢天谢地了，过年回家你甚至拿不出几千块钱孝敬父母。

你越想越生气。

你二十多岁，在这个到处都是奢侈品的城市里一次性地燃烧自己美好青春，到底是为了什么？

你穿着内裤，躺在床上，生平第一次抽了一根烟，你把烟屁股摁灭在垃圾桶里，然后你决定了。

第二天，你拖着行李步履沉重地走到火车站，买了一张离现在这个时间最近的车票，你恨不得像风一样快地飞回你的家乡。把曾经的理想、失恋的苦闷、生活的不如意都遗弃在大城市的柏油路上。

你走到检票口，看着手里的车票，猛地想起你坐绿皮火车从学校来到魔都的那二十个小时。那时候你想过有一天你会像一条战败的狗一样，逃离这里吗？那时候你哪怕有一秒怀疑过你像个孤胆英雄一样去往大城市奋斗的目的吗？

你没有。

那时候，你心里有光，你什么都不怕，你渴望着心里的光照亮你前行的路。你常挂在嘴边的一句话是，年轻就是资本，输也输得漂亮。

你坐在火车上，吃着一碗泡面，看着玻璃窗外不断后退的树木，你仿佛看到了未来的模样，精彩得就像是小时候的连环画，就像是青春期看到的毛片，就像是第一次看到姑娘的胸脯。

你觉得过瘾，这才是一个爷们儿应该做的事儿，你想起童年时的那首歌，青春不就是用来赌明天的吗？

所有的心灵鸡汤都在呐喊着别忘了你为什么出发。

那现在呢？

你被生活打败了？

你被前女友的一通分手电话击溃了？

你被大城市里高富帅跑车的轰鸣声吓尿了？

此刻一脸胡茬儿、站在检票口准备逃走、不敢回头看这个城市一眼的失败者还是你吗？

你怕了？

你还记得你最初的梦想吗？

你觉得自己被当头打了一棒，你猛地停住了，你握紧了手里的车票，愤怒转身，推开人群，夺路而逃。

你耳边又响起了激励你无数次的歌声"拍拍身上的灰尘，振作疲惫的精神"。

你决定了——留下来。

年轻就是资本，输也要输得漂亮。

你对自己说，生活哪有什么胜利可言，挺住就意味着一切。

你要回到这个伤害你的城市，双手擎起你坚硬的理想，就像小时候无数次擎起你的小弟弟对天撒尿一样，你要振作起来，重新积蓄力量，准备迎接生活下一次的迎头痛击。

那些困扰你的问题，你突然间找到了答案。

富二代那是老天赏饭吃，哪里值得你羡慕？

工资低只能说明你懒惰、认命，没有把自己逼到非上进不可的悬崖边上。

女朋友离开你，那是因为你还没有足够努力，去把自己变成更好的人。

你说，只能我抛弃这个城市，不能让这个城市抛弃你。

即便很多人都喊着逃离北上广，你也不能走，你不能就这样走。

于是你选择了留下。

三年后，我很庆幸，因为你——三年前的自己，挺住了这操蛋的一切，才有了现在沾沾自喜的我，并且一步一步越来越接近最初的理想，就好像上学时一心想要接近班里最美的姑娘。

因为你的坚挺、你的明明已经体无完肤但还是拼命死扛，让我无数次想要放弃的时候，都会猛抽自己一记耳光，警醒自己，伟大都是熬出来的，牛逼是逼出来的，不经历生活丧心病狂的虐待，怎么配得上令人发指的高潮呢？

我沿着你期望的未来，带着你留给我的理想，一路狂奔。

路上，被风撕碎了裤衩，被狗咬伤了大腿，被漂亮姑娘射中了膝盖。毫无疑问，这些都只是第一关，前路遥远，还有一大波僵尸即将来袭。

但是，这些都没关系，年少时的自己，就是人生路上最有力量的偶像。偶像给我以力量。

我只要想到，你，一个刚刚从青春期走出来、每个礼拜还梦遗三次的小屁孩都能挺过最黑暗的那些时刻，我有什么资格说我不行？

你给了我一团火，让我永远对未来心存憧憬，让我明白，生活哪有胜利可言，挺住意味着一切。有你在回忆里注视着我，我会永远年轻。

[1]

一位经理对我诉苦，说在昨天刚刚失去了多年的秘书。"莫名其妙就辞职了，没有任何预兆。真奇怪！这些年没少给过她一分钱，也很少骂她，怎么就突然不做了呢？扔下一堆事没人接，真让人焦头烂额。"

说来也巧，过了几天，我与那秘书有事约见。原来她去了别的公司，我问了问新公司的职位和待遇，并没有很大的改善，难免感到好奇。

"一般来说，同等条件下，做生不如做熟，那么到底为什么会离开原来的公司呢？"

她想了想，摇了摇头："其实，没有什么大的原因，都是一些小事。"

她做他的秘书第一年，因为给他出去买饮料，被小偷划了包，家门钥匙和钱包都丢了，她强忍焦虑赶回去给他送饮料。他知道此事后哦了一声，并没多问，照常加班工作到下半夜才结束。她凌晨到家，找不到修锁人，只得在门外蹲了半宿，天亮了才跟邻居借了钱找人撬开门。

她的奶奶去世，得知消息那一天，她在陪老板跟外商谈判，她不敢影响工作，只好在午饭时躲在休息室的角落里偷偷哭。他还是看见了，问清原委后，说节哀啊!拍拍她的肩膀，然后让她帮他把合同取来。

他去某大学演讲，主办方拿来盒饭，她正巧去工作，回来发现饭菜都没了。他一脸茫然地说：啊？我忘记你没吃过了，让人都扔了。

她病了，在家里躺着，他给她打来电话说工作的事。她实在支撑不住，委婉地说："老板，我实在没力气说话了。"那边停顿一刻，说："哦，那我们发短信说吧。"

她在他身边工作了八年，她能够清晰背得出这个人的生日、血型、星座、住址、电话、饮食喜好……可有一次访问中，主持人无意间问起他，秘书是哪里人。他想了半天，迟疑着说：河南吧……下了台，他问她："我说对了吗？"她笑，"说错啦，我是山东人。"他也笑，却没看出她笑里的苦涩。

她要结婚买房子，首付差八万块，借遍亲友，却从未向她的老板开口。她知道即使开口，他也不会有任何表示。他认为她只是他的秘书而已——尽管她为他工作付出的时间和精力，甚至曾经超过为她的男友和家人。

"工作就算没有感情，但亦有人情，需要起码的维系。人与人之间如果隔了一百步，我辛苦走了九十九步，对方却连一步也不愿走，我也会放弃走出那最后的一步。不如花些心思，重新找一个愿意走五十步的人再合作。"

人情不是维系关系的唯一准则，然而却一定会是影响结果的准则之一。一句问候、一份手信、一次探望、一次站在对方立场的着想，反映的是珍惜与体谅。大事体现工作能力与工作资历，点点滴滴的小事，才是长久合作的坚实基石。

[2]

一对情侣，男生与女生在一起三年，却在第四个年头分了手。男生不解，去问女生原因。女生说："因为这三年你送我的生日礼物。"

男生费力地回忆着这三年女生的生日他究竟送了什么礼物。第一年，她过生日，他送了她一块手表。在此之前，她从没戴过手表，因为觉得又沉又热，很不习惯。他送了，她不好拒绝，只能收下，但从未戴过。

第二年，他送了她一只钱包，高兴地对她说："你看，是国际名牌的钱包，我上次出差去香港特意买的，你很喜欢吧？"她笑了笑，没有告诉他，这只钱包是去年自己帮另一个朋友选来送他的生日礼物，连缎带的颜色都没有变，只是他不知道而已。

第三年她的生日，朋友们欢聚一堂。有人送她最爱吃的糖果；有人送她心仪很久的玩偶；有人送八音盒，里面是她最常听的钢琴曲……他则送来一束鲜花。她说谢谢，然后收下——她没有说出口的是，彼时她已经陪伴他三年，他却完全不知她对花粉严重过敏。

她说："你看，三个生日，已经足够证明很多东西。手表代表你对我不了解，钱包代表你对我不真诚，鲜花则代表你对我不关心。这三点，难道还无法构成分手的理由吗？"

男生张口结舌，无言以对。

我家楼下有一间小花店，店主大约是很浪漫的年轻人，刚开业的时候，在店门外摆了一个大大的花瓶，还有一块纸牌子，上面写了一段话："予人玫瑰，手留余香。如果你今天心情很好，经过这里时可以免费带走一朵玫瑰。"在花瓶里，插满了大朵的玫瑰，新鲜欲滴，漂亮极了。

过了几天，我再经过那里时，却发现玫瑰少了许多，而且只剩下稀稀拉拉的几朵，半开不开的，看起来破败得可怜。我忍不住去问店主原因，那个帅气阳光的小男生一脸沮丧。"摆了几天花，每次放出去不一会儿，所有的花就都不见了。肯定是有人贪小便宜，顺手多拿几朵，甚至干脆抱一大束花走，摆多少都不够拿的。"

再过几天，我再经过那里时，发现免费花瓶已经没了。门外的纸板上也换了话，冷冰冰的一板一眼——"玫瑰二十元一束，不议价。"

我们从未在意过生活中那些微小的伤害和疏忽，以为芝麻绿豆，无伤大雅。然而千里之堤，溃于蚁穴，正是那些积郁成怨，积怨成殇，才会最终导致走到分崩离析的那一天。

情感坚固如铁，情感也如履薄冰，在每一段关系中，我们自以为心中有底，其实却如盲人骑瞎马，夜半临深池，九十九步都安然无恙，殊不知潜藏的危险已越来越近，下一步就可能彻底崩盘。积累在天长日久，结束却可能在一念之间。

生活总归是仁慈的，留下一手复活赛的可能。近日听说前文中那对分手的情侣又有新进展，男生重新开始追求女生。这次他一改风格，先去女生闺密圈子里打听女生喜好；每天早上给女生送去她最爱吃的小笼包当早点；下班请女生看她最喜欢的文艺片，不再像以前一样只看自己喜欢的武打片；女生过生日时，他亲手给女生做了一只发卡，配的是她头发的颜色。

我们问女生是否重新动心，她笑得很甜蜜，说还需时间和考验。但对方的确已经开始学会如何与他人用心相处，这是很好的事情。

有心人卷土重来，日积月累，结局未必没有惊喜。只是在这加倍付出的过程中，才明白所有的失去并非一蹴而就，所有的得到也并非一日之功。

细节决定结果，细节说明珍惜，细节亦成就每一份天长地久。

若害怕失去，就不要轻慢每个细微之处。

爱，成于细微，亦失于细微。

{ 不管成功与否，至少 全力以赴为自己活一场 }

[1]

早上，我陪母亲去医院看望一个老领导。与之闲扯家常，谈及子女教育、单位琐事。老领导甚是妙语连珠，让我有醍醐灌顶之感。更为感慨的是，在这等小城镇竟有如此开明的家长。

母亲问："小儿子高考考得怎么样？准备报考什么专业？"

老领导思忖了会，简单的回答道："637分，本来打算填人民大学，但是他不喜欢填报的专业，所以就选了同济大学的计算机专业。"

母亲诧异道："计算机专业啊？那这个专业考公务员不好考吧？"

老领导挠了挠头，大声感慨道："这都什么时代了，条条大路通罗马，他自己喜欢就好。以后出来找工作不一定要是当公务员。"

母亲点了点头，颇有微词："话是那么说，但是当公务员还是稳定些。"

老领导不打算继续母亲的话题，望着我问道："你女儿现在在哪里工作？"

母亲轻轻一笑："哎，考的乡镇单位。先就业再择业。上个班就好。"

老领导又问道："那谈朋友了没？"

母亲呵呵一笑："还没呢！"

老领导定眼望了我一眼，大声说道："在乡镇找对象难呢！快点考出来，一定不要待在乡镇。哪怕你是在市区做个临时工，也不要在乡镇里面久待。"

母亲摇头，争议道："那我这是正式的呢，有编制。又不是临时工！"

老领导吱了一声，语重心长地说道："你要是有疑惑，我就来给你分析下喽！你在乡镇工作，周围肯定是没几个男的挑，要挑也挑不出几个好的。那你考到大城市好男生就随便你挑啊！女孩子，找对象是一辈子的事情，对象错了就毁半辈子。再说，年轻人就要出去闯一闯，怕什么呢？年轻不怕折腾啊！"

他挑眉望着我，问道："我相信你也是不怕吃苦的是吧！"

我微笑不语，他立马接着说道："我跟你说，从乡镇到大城市，你认识的人不一样，看到的事物不一样，你的眼界是完全不同的。"

母亲低头不语，仔细回味着这话中话。

他接着说道："我再给你讲，你现在想着让你女儿稳定，然后呢？你女儿的女儿也是在这个小乡镇里成家立业，然后，子子孙孙就这么稳定的活一辈子，都活在这个小地方里。有什么进步吗？所以，你这种思想太迂腐了，这怎么教育好子女呢？"他义正言辞地反问我母亲。

母亲讪笑，不停的点头："这倒也是啊！我也没想那么多。我就觉得女孩子早点读完书出来找个工作成家立个业就好了。安安稳稳一辈子就放心了。"

"你看，有你这种教育思想子女一辈子都不会有出息。我是要求我女儿必须要读个研究生，儿子必须要读个博士才允许出来找工作的。反正你要相信，多读书总是没有错的。"

离别时，他语重心长的跟我说道："你那么年轻，千万不要安于现状，要不断的努力拼搏，怕什么呢？未来是你们年轻人的天下。"

[2]

我有两个朋友，一个是追求岁月静好的家庭主妇，一个是喜爱折腾生活的不安分子。

家庭主妇21岁大学毕业，当年考上选调生，22岁在县城找了个对象成家，23岁生下一个儿子，一路可谓是顺风顺水，是邻里妇人的美谈对象。

我母亲更是将其夸得不得了，隔几天便在我耳边唠叨几句，似乎她念叨越多我也就越顺风顺水。

在我母亲眼里她是大写的榜样，我要是能活成她那样，母亲就觉得我人生完美了。真是见了鬼的胡扯，我只当是左耳进右耳出的笑话听听。因为，稳定的幸福毕竟只是少数，更多的是受害者。

我的一个远房表姐，因为26岁还未结婚。被所谓的过来人成天念叨着"一个女孩子出去折腾什么，过了25岁再不嫁出去就没什么机会了，以后就只有二婚挑了。"

万般无奈之下，表姐去年年初急匆匆的便跟一男人订婚，七大姑八大姨一致认为那男人好，叫表姐放心地嫁就行了。

谁也未曾料到，那个男人虽然长得斯斯文文，看上去也老老实实，整天却只知道赌博，一次性就输了五六十万，欠了一屁股债。

表姐想离婚，家里的亲戚就劝她，离什么婚，你离婚有什么好处呢？将就过一下算了。

我真的是为那些过来人所传授的所谓安稳的理论感到害怕。她们将自己悲催的六十分的生活美化成一种普世观再传授给年轻的女孩子。让她们从一个火坑跳到另一个火坑。又有谁来替她们人生的悲剧负责呢？还不是她们自己含泪吞下？

而我另外一个朋友，那个爱折腾的不安分子。她17岁上大学时，便开始做淘宝，大二在校开奶茶吧，大三又开始搞微商。

而在这一切进行的同时，她还做电台主持人。又因为在做电台主持人时，经常会收到读者的来信，她经常帮着排忧解难。慢慢的，她自己就将这些故事写成一篇篇故事发到网上，人气颇高，许多出版机会也就随之而来。

她今年25岁，辞掉了国企的工作，专心当起了自由职业者，不做结婚的打算，她甚至还打算存钱出国留学深造。

我问她，你这个样子，越往后越难嫁出去呢？

她笑了笑跟我说道，我从来都不相信一个优秀的男人会不敢娶优秀的女人，只有一种可能，那就是这个男人太差劲配不上她的优秀。所以我从来都不担心我嫁不出去，于我而言，活出了我自己想要的样子，爱情也自然会来到。

我能说什么呢？跟家庭主妇相比，我更喜欢不安分子。她让我热血澎湃，她让我看到了一个年轻人该有的模样。

[3]

年轻是什么？年轻人该是什么样子的？

伟大领袖毛主席说，世界是你们的，也是我们的，但是归根结底是你们的。你们年轻人朝气蓬勃，正在兴旺时期，好像早晨八九点钟的太阳。希望寄托在你们身上。

而我们所谓的八九点钟的太阳都在做着什么事情呢？顶着烈日，用强壮的身体跳着广场舞。明明是二十来岁的年纪，硬生生的活成了七八十岁的老太太。说好的朝气蓬勃呢？

在我看来，最美好的年纪，要去做你最想做的事情。

怕什么前途无望，荆棘满地，走一寸有一寸的欢喜。用自己最喜欢的方式去过一生，你才有资格给你的后辈谈人生。

不管你成功与否，至少你全力以赴的为自己活过，又有什么好害怕的呢？

最怕的一类人是，明明自己整天沉醉于平凡，却还要嘲笑别人的努力奋斗。简直就是可笑之极。那样的生活不叫岁月静好，现世安稳。而是所谓的混吃等死。

我想我不怕等不来岁月静好，我最怕是年轻时却没有活出年轻人该有的模样。去闯，去疯，去癫，那种全世界都为我开路的感觉特别特别的爽。不去尝试一下，枉来人间走一回。不是吗？

所以，请你一定要活出年轻人该有的样子。

{ **把想要的放弃咬碎在牙缝，
把忠于坚持碾进骨髓** }

认识W姑娘几年，因为工作关系一年会见上几次面，尽管她不是漂亮能干的类型，但踌躇满志的样子还算正能量。时间长了，发现她的远大目标基本就停在嘴上，朋友圈里全是励志格言，深更半夜也刷各种职场成功学。别管W姑娘没有成功也没有钱，见面说的可全是新梦想和大格局，如此下去，当然也会有情绪受挫的时候，也号称患上了"成功焦虑症"。她的朋友圈会跟着阴云密布，一会儿满血复活一会儿沮丧焦虑，看着都累。

W姑娘这几年没升过职也没跳过槽，嘴上努力手上却不勤快，脸上的正能量的笑容也被负能量的矫情所取代，身材越来越胖也不减肥，时间都用去构想未来，现在却一直没什么钱。很多女人都在说"拼"，结果看脸看身材就知道没多少才华可拼，五官不好看原本也没那么可怕，可怕的是有些姑娘明明知道自己不漂亮也没多少才华，还坚持着懒下去和胖下去。

另一位J姑娘倒是不缺钱，丈夫有家族企业，她结婚后就不再工作，结婚五年生了两个孩子。但她同样对自己另一半诸多不满，也因为婆媳关系见面就嚷嚷离婚的事，连孕期都没闲着生气，孩子生下后更是闹腾不断。其实女人真没那么多的"产后抑郁症"，全是自己各种心理不平衡在作祟。如今两个孩子都上幼儿园了，偶尔见面还是听一堆一点也不新鲜的抱怨。J姑娘容颜已显老态，身体已经发福，她说："男人死不改悔不能指望，我今后的事业就是我的儿子了。"

但她最终也是一场失去，如果孩子成了女人的事业，已经失去自我的妈妈根本带不出有出息的儿子。这是很多已婚女人的样子，不论有钱还是没钱，都是矫情、抱怨、发胖、偏执、颓废，一点都不美的样子。

　　很多人在大都市奋斗，怀抱梦想而来却陷于庸常之中，你在职场劳心劳力，有工作却没有生活，有期待却没有爱情。你与疾病、坏感情、高房价狭路相逢，你时常找不到自己，想过的生活也一直遥遥无期。即便在逃离大城市的压力后，你还是会迷失于小城市的平庸与固化里，因为你对城市做出选择的背面，是城市对你的选择，而不论大城市还是小城市，都拒绝那些心灵和情感总是均处于无根状态的人。

　　有时候最闹心的烦躁是你根本不知道自己在烦些什么，就负能量爆棚了，所谓正能量也多是些鸡精汤，毫无价值谈不上营养。有多少人都在这样生活，在喊口号般的努力里变丑变老，手边却做不好应该做好的本职，担不起必须肩付的责任，爱不起值得珍惜的人。在"平平淡淡才是真"的颓败里变胖，死活都管不住自己的嘴，在"为孩子拼起跑线"的虚荣里变脏，连内裤和文胸都洗不干净了，还抱怨男人不够爱自己。

　　当我们缺失了自律的支撑，更多的人都会变得身不由己起来，过度保护自己，敏感计较别人，胆怯逃避责任，虚伪处世为人，而这些行为又很容易成为习惯恶性循环。

　　人的一生总是在不停地变化着社会角色，心态不做适当调整，总是在自负里欺骗自己伤害别人，或在抱怨里虚度光阴，那命运不对你残酷才怪。没钱的时候，放纵贪婪和懒惰，于是你胖了丑了，有钱的时候，放纵虚荣和矫情，于是你还是胖了丑了。

　　对于女人来说，所谓见过世面，不是出几趟远门就看到了世界，或是到大城市苟且就是远方，而是在你一次次去努力去付出之后，终于知道了什么才是真正的好，并且会为此继续自律和坚持下去，让现在的你自己又瘦、又好看，钱包里装满自己的钱。这才是一个见过世面的女人的基本姿态。

拼得起颜值才是真正的实力派，而你的容貌就是你灵魂的样子，你的身材就是你的修养，丑陋的灵魂和肥胖的身材能积攒下毛才华啊？你努的力也都是装给别人看的。

说你丑不是因为你五官不如别人，更不是因为你穷，而是你不求上进还不自知。打鸡血发神经还要说自己很努力，混吃等死发福肥胖还要说自己很有爱，甚至要去掌控男人和孩子的未来，你摸摸心问自己："你真的懂得好好爱自己了吗？"

女人里面，没有什么女神、女汉子、女文青和女王之分，只有美的和丑的。成功面前，没有什么机会、时运、才华和伯乐之别，只有努力的和不努力的。

只有你看上去又瘦又有钱的时候，才是最努力，我们为此都要付出极大的忍耐，把想要的放弃咬碎在牙缝，把忠于坚持碾进骨髓，时光才会给你想要的答案。

在这个闹得分不出真假，吵得看不清方向的时代里，女人和男人都将承担更多的压力和责任。

干净的初衷和自律的修养已经不多，甚至连那些有腹肌有马甲线的美好身材也成了凤毛麟角，如果你还有，就请守护好别弄丢，明天我们还要赶更远的路……

{ 他的努力拼搏
让他看起来很好运 }

[1]

此前，我去参加了一个职业技能的培训，上课的何老师是北京一个非常出色的创业者。两周后，何老师再次来到深圳的一家知名企业上课，我被他的团队成员请来协助他为上课做一些准备。其实当天并没有做太多事，只是稍微布置一下现场、发放一下资料。

课后和该企业工作人员交流时，他们其中一个负责人很好奇地问我："据说何老师在深圳的学员至少有100人，为什么选你来做助教呢？"言下之意似乎是说，他们可是花了大价钱请到这位老师的，而我免费的听了一堂价值不菲的课。我客气地回答她说："可能是我运气比较好吧。"

"可能是运气比较好吧。"这句话并不是我发明的。

第一次听到这句话，是我还在做外贸的时候，是我所在的香港外贸公司老板的合伙人艾先生常说的一句话。他在短短五年的时间里，从一个普通的外贸业务员成了当时公司的合伙人，同时也是行业内小有名气的人物。每当外人称颂这些经历时，他总会低调地说："可能是我运气比较好吧。"

我抱着沾沾"好运"的心态去应聘，成为了他的员工，发现他并不是像"运气"太好的人。艾先生不到170厘米的身高，并不突出的长相，在平常的生活中，是一个极容易被忽略的人。但和他共事才发现，他是一个思维敏捷、知识丰富、工作能力极强的人。他的英语跟中文说得一样顺畅，公司做的订单从客户到工厂流程全部一清二楚。

[2]

当年，公司的一个潜在英国客人要来中国参加展会，顺便想看看我们公司的产品。这个英国客人是英国零售大户，在伦敦有数家家居超市。"如果跟他建立了长期的合作关系，我们公司的出口额将会增长200%，那意味着产品利润的相应上涨。"艾先生兴奋地说。

整个团队都在十分紧张而又期待地盼望着这次会谈，但艾先生看起来还是一副镇定自若的样子，除了检查每一个开会用的样品，其他时间都埋头在办公室里写资料。

终于到了会面的一天，大家焦急地等待着艾先生和客人从机场到来。一个下午的会议进展得十分顺利，从样品的展示到后续合作的细节，都迅速地达成共识。在谈着公事的同时，艾先生还用一口的伦敦英语跟客人不时谈一些关于早上如何跑步、喜欢哪些美食的事，听起来像是熟悉的朋友一样。

合作出乎意料地成功。在和艾先生一起送走客人的路上，我迫不及待地想知道他谈判成功的原因。看着他一副胸有成竹的样子，我抢着说道："这一次，一定不是运气好的原因。"

"小姑娘，看来你有进步了。"他一边大笑着回答，一边顺手拿了车里的一叠资料给我。

资料全部是英文的，第一本是关于客户公司一些产品在英国的销售情况，甚至还有英国的天气情况。第二本是这次来的客户产品总监的博客资料，里面记录着一些客人时常早上出去跑步的内容，还有一些关于美食的文章。第三本是我们公司针对客人以往销售产品的新品推荐，根据英国气候而特定的一些产品的改良。第四本是在去接客人的前一周，做了一份详细的路线图和会面行程图。内容包括：我们接客人的位置，从机场到酒店的距离及所需时间，所住的酒店有哪些好吃的东西等等。末了，还推荐了酒店不远处的海边一个可以看日出的极佳跑步地点。

看到这份资料时，我惊呆了，心想，换作我是客人，也一定会跟他合作。我跟艾先生说出了我的想法，他笑而不语。接着，他交代我回去之后，要马上发一封邮件，把今天我们会议讨论的合作内容纪要发给客人，同时告诉他接下来我们的工作安排。我连忙记录了下来。

[3]

在路上，我还是很好奇这次"成功"的合作是如何产生的。艾先生跟我说，这些资料都是他在平时收集来的。在两年前，他认识这家公司时，就认真研究他们。当时，我们的产品和生产配套离他们的市场需求有一些差距，在这段时间，他一边想办法改进我们的生产能力和产品设计，一方面留意客人的销售动向。一年多的时间，他终于觉得机会来了，就完成了这次谈判。

"那跑步跟美食是怎么回事呢？"我接着问道。

"光了解公司动向还不够啊，当然也要了解跟我们谈合作的人嘛。就算他是财大气粗的产品总监，还是喜欢有人关注他，并跟他有一样的兴趣爱好的。"

"那你流利的伦敦英语又是怎么回事呢？"我准备一个个解开自己的疑问。

"你一定听说过马云练英语是在杭州的酒店找老外说话的故事。我练英语也是模仿他的。当年我刚开始工作时，这个小城市外贸事业发展迅速，大批外国人来这里找工厂，但是这里好多酒店的服务员并不懂英语，无法交流。于是我在空余时间免费去做翻译，跟外国人交流，和服务员一起到机场接客送客也是常事。"他说到这里，我才知道为什么他能那么清楚地知道机场的地形及各个酒店的特点。

[4]

李笑来在他的一本书里提到，他在新东方做老师时，经常被人夸奖说他在台上的随机应变能力强。李老师在书中说，其实他们搞错了，他的应变能力差极了。他之所以"显得"游刃有余，是因为之前做过太多准备。

在做任何一个讲演时，他都花费很多时间认真考虑每个观点、每个事例，甚至每个句子引发什么样的理解和反应，然后逐一制订相应对策。每一次出场的良好表现似乎是因为运气好，但事实是这些准备让他得到更多的机会。

记得当天，何老师上完课后发了一条微博说："作为一个做职业教育的，只懂互联网是不行的，还得花时间研究教学课件，走到不同城市的课堂上，如果自己都不懂教学，拿什么创新？拿什么做平台？"何老师也是一个看起来像"运气"比较好的人，但是，我相信他在讲台上说的每一句，PPT里每一个字，都是练过百次的。

我的好运，艾先生的好运，以及李笑来何老师的好运，都是以同样的方式而来。

"我可能是运气比较好吧。"

当下次有人跟你这样说时，你一定要相信这是真的。

{ 你到底要想多久
才能开始行动呢 }

思考，从不是一件坏事。但过度的思考，常常很顺理成章地成为行动的绊脚石。我曾目睹一位朋友在网上购书，久久徘徊在五六本之间无法拿定主意（我保证不是经济困窘）。她头头是道地分析了每本书的优劣，细化到"如果我买了这本，好处是什么，遗憾是什么"，等到全部讲完之后，双手一摊，撇着嘴问我，"我到底买不买了？"

所以有时我更欣赏做事一根筋的人。每天拿出五成的时间思考就够了，因为剩下的还要留给行动。这样的人不会因为聪明而损失惨重。其实就我的观察来讲，压根不动脑就扑上去三下五除二的人非常少，反倒是在脑子里滚来滚去一百遍，分析各种利弊可能，恨不得纠结到吐血前一秒，盼望着一个神明出来说一句，就这么做吧，我给你保证没问题，然后才肯下手的人，比比皆是。

可是，活了这么多年，还没发现"人生压根没有任何保证"这回事吗？"三思而后行"，到底要思多久？据传杨绛先生回复过一位学生的留言，这位学生有一大堆的思考和问题，伴随着愁云惨雾的迷茫。杨绛说了一句在我看来适合大多数年轻人的话：你就是想得太多，做得太少。

自从我看到这句话之后，就把它抄了张小纸条，贴在了我家冰箱门上。每天路过，我就要想一想，你今天想的问题是够了，可你做的有多少？坦诚地讲，我们从小被教导要做计划、要走一步看三步的思维模式，真的也是一把双刃剑。被灌输的"凡事要三思而后行"、"谨言慎行"，其中的"度"其实非常难以把握。

于是，在每个人长大的过程中就碰上了这一段"成长剧痛期"，我们难以把握所学信条之中的分寸，于是所学所想与现实激烈碰撞带来了方方面面的疼痛。当迷茫的现状撞上野心勃勃的欲望，疼痛自然更加难耐。

有次我和一位好友在聊起"痛苦的思考"状态的时候，她说，现在她越来越不愿意将自己长久地放置于一种计划、斟酌、焦虑、不定的状态里了，想到什么，判断一下就开始着手，其他时候清清淡淡地不让自己胡思乱想。"因为我知道，很多事情其实并不需要多么缜密的思考和斟酌，真的没那么严重，这只是我的惯性而已。而且我坚信，凭自己的判断力和智商，也压根不会作出多么离谱的选择。"

真的，除了升学、择业、婚姻、育儿几件非常重要的事情需要您格外操心、谨慎选择之外，日常生活中究竟有多少事情值得你思前想后，郁郁寡欢呢？世上没什么事是被保证的。都说用深入的思考来指导行动，是非常明智的事。可当过度自我裹挟的思考，限制了你的行动，就太得不偿失了，毕竟，行动只是开始。

更多决定你是否能成功的因素，存在于行动的每一个细节，随时借助思考来调整航向、灵活变通，才是更重要的努力。有时，你并不知道自己的哪一份积累，会在哪一个机会上为你争取优势；你也根本不知道，在你广撒网的时候，会捞上哪种鱼。

一个创业做得很棒的朋友，告诉我一句话：这世上真的有些事，是你以现在的视野所看不清楚的，你必须先走两步。我现在特别庆幸我的开始，虽然未来仍是一片未知，但我每天的收获是可以垫底的，即便走错路也是满满的收获。况且，想要真正的解决问题，首先，你得让问题先真实的暴露出来，而不是永远停留在设想。是的，有些事需要先开枪，再瞄准。

｛仪式感是你对生活 最大的敬意｝

我把照片合影之类的东西都烧掉，电脑手机中的都删除，他用过的毛巾碗筷，睡过的床上用品，穿过的拖鞋和送我的礼物都打包，直接扔到楼下的垃圾桶。然后又是两个小时的大清洁，扫除了他在这个家里的所有痕迹——这是某一年的某一天，我决定和前任分手后做的事。

晚上我坐在茶餐厅的老位子上，看着他匆忙走来，就像初相见，只是这次要说的不是情话而是别语。求爱需要一个仪式，不然那是轻薄，分手也该有个仪式，不然那是逃避。我走出茶餐厅的时候拿出手机，删除了他最后一点信息。尽管这是个用电子邮件、短信微信、打个电话就可以说分手的时代，但我还是需要这样一个仪式，和我曾经的爱做正式告别，为他流完最后一滴眼泪，然后永不再见。

我对喝下午茶这件事珍爱有加，即便一个人去喝杯咖啡也会盛装出行，那是属于我的午后，每一次都值得笑颜相遇。如果是和闺蜜约会，一定提前定好位子还要早到，我还会感受下温度，选择室内外哪里小坐聊天更舒适。

我重视每一次的约会、聚会、公干，把出差也当成一次旅行，所以才拥有了微笑的心情，能看到美好的眼睛，能感受温柔的能力。我是一个需要仪式感生活的女子，失去了这些，人生不庄重，情感不认真，生活会粗糙，人心会脆弱。

中国古人是重视"仪式"的，抚琴需要先焚香，喝茶更是过程繁复却自得其乐的事，好像不做足全套功夫，琴就弹不好茶就喝不香。

仪式是一种纯净的行为，有些为了拜祭祈福，有些看起来似乎没有意义或是目的，就像一场令人心旷神怡的游戏，但能为当事人呈现出眼前的世界是活色生香的。不要忽略心灵的力量，这种所谓的仪式感其实就是在表达我们对生活的挚爱，对困境无声却极富韧性的抗争。

老外去听音乐会或是看演出，必是盛装到场隆重庄严。各种节日、纪念日、生日都要一一庆祝，孩子学校的活动不论大小家长都会到场，毕业典礼更是举家前往见证的好日子。

国内孩子毕业，从幼儿园到博士生，哪张毕业照里也不见家长的影子，学校缺失最重要的教养仪式。如今各种奇葩的毕业照层出不穷，却唯独不见有人穿学士服和父母合影，也就没人想起日渐老去的父母，为了子女的学业有过怎样的付出。

生活中充满了忙碌，大家都借口忙就忘记生日，忽略节日，淡漠亲情，应付友情。一个人吃饭就凑合街头垃圾食品忽略健康，两个人为了房子孩子就没有了值得纪念的日子，很多人住在外观高档的公寓里，房间内却乱到脚都插不进去，偌大的屋子没有一点生活的气息。

厨房中的餐具五花八门什么能装就留着什么，卧室的大床上铺着分不清颜色花纹的东西，餐桌闲置不用堆满杂物，一家人拿着不同的碗碟对着电视机吃饭。大家又都在抱怨工作不快，生活无聊，情感平淡，却又不会好好吃饭，没有一点情趣，对自己的粗糙视而不见。你匆忙赶路必会错过风景，你缺少敬畏必会麻木冷漠。

我爸妈很重视一日三餐，即便是在物质匮乏的年代，每餐必会打开炉火变着花样炒出精致小菜，以至于我的童年一直弥漫美食的甜香，从不知道苦是何物。中学离家很远，一年四季爸妈会双双早起为我准备早餐和午餐，他们在厨房里忙碌的身影就是他们的爱情，如此家常的场景却被爸妈演绎得像是一幅画，而且数十年如一日从未改变。

那时候我不用做任何家务，却并不妨碍长大后有了家庭孩子，也能做得一手好菜让房间一尘不染。女儿问："你哪学的炒菜？"我说："心传。"

一日和女儿谈起爱情，她说："我不喜欢那些花俏的婚礼。"我说："那你也需要一个简单的婚礼，穿起婚纱走过红毯，我在红毯的这一边相送，他在红毯的那一边敞开怀抱，令人动容更令人尊重。"

女儿刚进初中时学校举办活动请家长参加，我远在万里之外也为了那一天赶到会场。没有几位家长到场，女儿却依偎在我的身边无比骄傲。我从不会错过女儿任何一件值得庆祝的事，也一定会送礼物满足她的要求。

我用行动告诉她生活极尽美好，现在我可以帮她拼脸，她必须靠自己拼到才华，将来才能得到她想要的生活。而在此之前，她要先学会自律和坚持，对生命和生活拥有敬意。

女友要换个收入前景都更好的工作，在辞职和不辞职之间纠结好久才做了决定，以至于新工作还没开始就已经觉得疲惫。我说："你请原来的同事吃顿散伙饭吧，做个正式点的告别。"深夜她带着酒意给我打来电话，散伙饭中原先的领导和下属对她的工作能力都大加肯定，让她对去新公司更加自信，而且大家酒后吐真意，让自己觉得前面七年每一天的努力和付出都是值得的。

我放下电话，笑了。是的，没有比这种具备仪式感的离职更完美的选择了，正式结束才会正式开始。

或许有人觉得这样的仪式感有些矫情，做不到那么周到也没有关系。但只要你试着并且坚持着去做一点，日子就像是给咖啡加了块糖，雨天给自己画了个太阳。你的心灵灿烂了，你眼里的世界就大了。

{ 不用刻意放低自己，不妨多点从容冷静 }

认识一位文艺界的腕儿。

他在场的时候，大家都不敢说话，好像生怕自己的观点不成熟，贻笑大方露了怯。可是，他又是和善之人，通常自己不先发言，觉得先提话题定了调，别人就会不得不跟着走。每次和他的交流，就像打太极，推来推去就没下文了。有时他让人谈谈体会感受，对方也是客套得很，只在外围说事儿，一到发表意见的时候，就打住了。

所以，有他在的场合，基本冷场。

我认识一位教授，她总是喜欢先发言。

几天前来北京开会，组织了一场小聚。哪里是吃饭，简直是又一场班级研讨会。她先发言，承前启后，继往开来，从入学时的细枝末节讲到如今的行业境遇。我们如同小学生，拿着筷子盯着她，点头称是。偶尔的时候，放下筷子附和。读书的时候就是如此，她总是滔滔不绝，从来没有一点话语停歇。你的思路，从来都是跟着她走。

所以，有她在的场合，大家已经懒得动脑。

还有我的爸爸。他既不是不发言的那类，也不是先发言的那类，而是第三种情况——无论他何时开口，都是这件事的定论。一件事情，大家争执不下，或者有存疑，他一开口，这件事基本就完了，完全没有商量的余地，因为肯定是他说了算。

说起来很有意思。定好第二天出去玩，爸爸会安排好在哪儿吃早饭，几时出发，路线如何，都安排哪些项目，玩到几点比较合适。就像学校里的日程表，一节课结束，铃声响起，接着上第二节；第二节结束中场休息，然后第三节、第四节，一直到放学，各自回家。就算你有一百个不乐意，到了第二天，肯定得照此执行。你觉得玩本是件轻松的事，不需要像上学一样不迟到。不行，老爸就是老师，你根本没有说"不"的余地。

所以，有他在的场合，从来都是一边倒。

这就是我身边的三类"优势个人"，以及他们在场时的三种状态——冷场、依附心理、一边倒。

说他们"优势"，是因为在某个群体中，他们总是有意无意成了一种隐形的压力。只要他们在场，别人通常会迫于某种形势，改变自己的行为模式，以顺应他为第一要义。他不发言，每个人都不愿轻易表达自己的观点，他不表态，每个人都不敢轻易亮出自己的底牌。事情本身的自然状态可能并非如此，但因为他们的存在，大家都变得面目全非，准确地说，是面目模糊。

比如，每当那位腕儿出现时，我们就算刚才还在侃侃而谈，下一刻一定毕恭毕敬；每当那位教授在场时，我们就算很有想法，也会变得依附于她，认为她说得没错；每当我的爸爸一开口，家人会立刻停止讨论，一下倒向他那边……

同事要退休，送给我们每人一幅摄影作品，偏偏老大没有。老大假装拍了桌子，同事谨小慎微："您要吗？大师？"在同事眼里，老大可不就是大师。她给我们看"每周一展"，本来在兴头上，老大一来，立刻变成小学生；本来对一张照片特有信心，老大往旁边一站，底气立刻减了三分；退休送我们留念，用老大的话说，扫地的，看门的都有，自己却被故意落下了。同事是不想送吗？不，用她自己的话说，"是不敢送"！

是的，我们都难免迷信权威，尤其对于那些有威信、地位、权力、资历的人，我们总是先把自己放低了，然后去仰视。殊不知，正是"放低"这种心态，让对方显得无比"优越"，或者正是对方无意中的"优越"、"强势"，逼得你不得不把自己"放低"。

无论何为因、何为果，其实都是一种非正常状态。

我知道，那位腕儿自己也有点苦恼，他很想与年轻人打成一片，不顾及什么权力地位；我还知道，那位侃侃而谈的教授，如今的水平已经不再让人仰望，大家也愿意说说自己的观点；我也知道，我的爸爸，他其实很孤单，即使我们都听他的，但是，从来不向他暴露自己的真实想法……

印象中有一次参加培训，与一位女士同组。

她说，自己总是很自卑，从小就有权威恐惧，自己的父辈，都是挂在墙上看的。她是如此平和的一个人，说话像聊天，你发言时，她就特别认真，有不同观点，娓娓道来。我们那个小组异常活跃，大家都调动了自己最积极的一面。一直到活动快结束的时候，我们才知道，她是业内一位响当当的人物。

每个人都有点儿汗颜，为自己那些粗浅幼稚的言论，以及过于随意的谈话方式。如果之前知道有这么一位优势人物在场，大家肯定都会有所控制，把观点整合清楚了再发言，或者来个优先秩序，多给优势人物让道。

因为被别人笼罩过，所以，知道隐藏自己的光环。或许，每个人都可以回到事件最原始的状态中来。把身边的你我他，都看作是脱了社会外衣、没有身份和光环的人。

内心优势是一个此消彼长的东西。当你给出去时，别人就会拥有得多一点；当你收回来时，自己也会变得更加从容。

{ 别把你的人生 全部交给心灵鸡汤 }

这些年被迫读了一些畅销书，比如大学室友一边四仰八叉的躺床上看电子书，一边兴致勃勃的跟我讲苏岑的《女人二十岁要定好位，三十岁有地位》里的经典语录，一副只要把这些名言警句背下来，从此你的人生便走向光明了的痛彻领悟。

玩微博后又知道了一个上帝保佑晚安陆琪，他通篇的关键词都是男人女人爱情婚姻出轨伤害人生。而这些所谓畅销书的作家也开始走进电视，指导广大人民群众的爱情观和人生观。

我的书架上现在还有很多类似的书，随手翻几页，这样的畅销书大部分是从我认识一个人开始，和你应该成为那样一个人而结束，处处都是令人欣喜关于女人的小智慧，如何勾引男人，不，是吸引男人，如何维护婚姻生活，怎样给爱情保鲜，如何对付小三，如何让丈夫爱自己爱的死去活来，如何塑造女人的魅力，你为什么不幸，什么女人才能得到幸福等等。

我在读这些文字的时候，特别好奇，像作家这种情商高悟性强点子多的女人是不是会特别幸福啊？那么懂异性，那么知道自己该怎样努力，懂得那么多的道理，无论读者有任何问题，都能第一时间漂亮的回复过去，如此说来生活中无论遇到什么状况，应该没有什么可以难倒她们吧？

后来有机会做电台，不知不觉好多听众也把我当作了这类知心大姐，跟我讲述老百姓自己的故事，急切地问我该怎么处理。开始我会很认真的集中回复，甚至特地录一期节目，节目也很火，于是私信收到的越来越多。

可是这些道理我真的都懂么？我可以站在局外人的角度大大方方的选择，因为无论任何结局，我都不用承担后果。就像买衣服，很果断的说，就这件，你穿最好看。可是当你徘徊在两件价格高的衣服之间，就会反复征求别人的意见，到底哪件更好看？不是没主见，只是听是一件事，懂得是一件事，看见是一件事，而自己经历又是一件事。

于是你会发现，当你跟姑娘们说，女人呐，要高冷一点，别太主动，就算你对某个男生有好感也别急于表现出来，要沉得住气，不要主动去追求，要想办法吸引他，让他反过来追求你，因为对于男人而言，自己争取来的才会倍加珍惜。可是当你喜欢一个男孩子的时候，就会忍不住主动给他发信息，会在给他的回复里打出满满的字。

你说，认真就输了，别再爱的像个傻瓜，用力那么猛，像拉皮筋，以为你努力些，就能让感情更有张力，却忘了对方随时有可能松手，而最后受伤的是自己。可是当你陷入爱情当中，就如同小时候参加拔河比赛，你明白只是个集体的活动，无关个人利益，却在哨声响起的时候，依然会使尽全身力气，搞的第二天胳膊腿都疼。

当给别人打气时说，女人一定要自信，能被抢走的就不是真爱，一定要无条件的相信他，可是当你发觉一些不正常的现象时，你却开始怀疑和害怕他会离开你；当你劝别人天下何处无芳草的时候，也会在深夜里窝在角落里一颗一颗眼泪的掉，辗转反侧在手机上打满了字，又删掉。

当你跟别人很潇洒的说不在乎对方的过去，可还是会时不时地吃对方前任的醋；说好了不要翻旧账，不要啰嗦，要学会撒娇，要有点心机，却仍是有什么说什么，内心的活动别说写十八本甄嬛传了，喜怒哀乐全都跃然脸上；说什么女人一定要温柔，要尊重对方，泼出去的水说出去的话，一定要慎重，可是生气的时候，什么狠话都敢放。

我们都知道父母有多爱我们，我们可以跟陌生人都客气尊重，却明晃晃的持爱行凶；都说不作死就不会死，可是我们依然对爱情那么的较真，宁为玉碎不为瓦全；甚至人人都知道想要减肥一定要少吃多运动，可是你又馋又懒；知道树欲静风不止子欲养亲不在，可依然一年到头不给家里打几次电话不回几次家；都知道熬夜对身体的危害有多大，可依然打着失眠的旗号固执地不肯睡。

这些场景，你熟悉么？一边balabala的给别人上课，一边自己都难说服自己。这是虚伪么？就像有人说我写的东西都是心灵鸡汤，这人口味是有多重啊！这些我都经历过，所以才说给你听的，不是跟你展示我的小聪明，而是我告诉你，其实，那只是另一面的我们，一个什么道理都懂的人，一个我们试曾想成为那样的人，是想提醒我们自己，也是想着，如果我做不到，希望你能好好的。

只可惜虽然道理都懂，却还是拼不过本真。都知道说话要委婉，可是因为你是个心直口快的人，难免还是得罪人；都知道深藏不露，却还是忍不住的想表现自己；听说扶起老太太可能会被讹，依然不想昧着良心视而不见；都知道贫贱夫妻百事哀，可依然选择跟你在一起；早明白男人花心女人心气高留不住配不卜，依然还想尝试着在一起走一段路。

成天感叹说你懂了那么多道理，仍旧过不好一生的人，可是你懂的究竟是什么？杜月笙白岩松徐志摩陈道明并称朋友圈四大高产才子，给两亿后人十句十句地留下许多的QQ个性签名？流行歌曲的歌词？白岩松韩寒马云俞敏洪的励志演讲？微博上的营销号上的道理？朋友圈的心灵鸡汤？既没有决心减肥扮靓，亦没有恒心读书充实自己，既没有强大的家庭背景，又缺乏竞争实力，成天就凭借念叨几句自相矛盾的漂亮话来装腔作势，就想让上帝眷顾你，让命运对你网开一面吗？做梦！

　　大概是因为我们应试教育的时间太长了，所以看见文字就想背下来，见到公式就想记下来，可是你真以为人生就跟星座一样么？相似的月份性格命运都差不多？随便抓来一个就能用来指导自己的人生么？感情问题只能靠自己，不敢给任何建议，而且我不瞎指挥，真的是为你们好，我从来不知道怎么搞定一个人，也不懂怎么维持一段关系，我都是稀里糊涂跟着运气走，走到这里，而不是想到这里，这让我倍感踏实。

　　当然，比起心灵鸡汤，我更喜欢黑暗料理，非常有创造性的把一些看似不相干的东西融在一起，就好像台湾卖的酸梅小番茄，而不是自拍的时候附上现世安稳岁月静好，捧着一颗玻璃心到处求人放过，与众不同的人生即使走了一些弯路，也好的过原地踏步，至少是心甘情愿的，是值得的。

第二章

找准自己的
人生位置

{ 真正的强者 无需讨好所有人 }

[1]

我踏入职场的第一次经历，简直可以用"糟糕透顶"来形容。

那个时候即将毕业的我经辅导员介绍，来到一家军工企业的财务部实习。要知道，如果不出意外的话，也就意味着实习之后我就能够在这家军工企业上班了。

要知道军工企业比一般企业不知要强多少倍。

还记得给我面试的人事主管问了我一堆问题之后，问我说："你有没有什么问题？"

清楚地记得，我当时脱口而出的问题就是："这家企业待遇如何？"

她只淡淡地笑了笑："这边的工资不高，不过奖金是根据企业效益计算的，效益好拿到的奖金就高。这么说吧，按照目前的效益，基本上我们不仅有年终奖，还有半年奖，更有季度奖等等，杂七杂八地加在一起，公司的待遇在这个城市不说首屈一指，也算中上游水平了。"

我听了两眼放光。

那个时候作为一枚职场小白，我是多么迫切地想要顺利通过实习期，好能在这家富得流油的单位立足下来啊。

我花了大量的时间和精力开始研究职场人际关系。

我记得那个时候的财务部部长是一个中年女人，平时素面朝天，衣服也很普通，好像平时并不刻意注重外形；财务部除了部长之外，还有一位主办会计，也是一个大姐，平时也是挺朴素的。

这不对啊，不是说职场中的女人一个个都在拼了命地把自己变漂亮吗？

虽然怀揣各种不理解，但总归买点礼物打点同事和领导是不会错的。

比起丰厚的待遇，实习期的工资却少得可怜，一个月只有三百大洋。领到第一个月的实习工资之后，我做的第一件事情，就是去精品店给财务部部长和财务部的主办会计买礼物。

不是俗话说得好嘛，礼多人不怪啊。

我给主办会计挑了一条丝巾，给部长挑了一枚胸针，两样东西买下来，第一个月的实习工资就所剩无几了。

第二天，我拿出丝巾给主办会计，谁想到对方竟然说，你一实习生没多少工资，这丝巾我不能要，你还是专注自己的工作吧。

我拿出胸针给财务部长，谁想到对方用一种很奇怪的眼神看着我说，你这第一笔收入不该用来好好孝敬自己的父母吗？干嘛拿来给我买胸针呢？况且你何时看过我戴过这些东西？我对这些首饰什么的一律不感冒。

她们还是女人吗？

谁想到我第一次送礼就送得灰头土脸，对方都不领情，最后我只好默默地把胸针丝巾装进包里，原封不动地带回了家。

每次想到这件事情，我总是在问自己，当初为什么愿意花那么多钱给她们买礼物？

说白了，因为我太想要这份工作机会了，然而同时也暴露了一个致命的弱点，那就是对于自己工作能力的超级不自信。

就拿开票这件事来说，我第一个月就作废了二十张发票！

还有，我连现金支票都填不好，还记得一天下午，我和司机约好三点去银行，结果越急越乱，连着开错了好几张现金支票，到了四点依然还在吭哧吭哧写支票，司机对我一顿抱怨，摇摇头走了。

一桩桩一件件的事情让我对自己的能力产生了怀疑，更为自己能否留下来不免产生了深深的焦虑。

这可是一份千载难逢的工作机会啊，这可是一家效益爆好的军工企业啊。

可是职场中没有那么多人情可讲，我终于没有把握住机会，实习结束还是被公司婉言辞退了。

我很伤感，临走前找那个人事吐槽，我说的中心思想就是看来自己还嫩啊，在人际方面果然输了。

然而那个人事却告诉我，其实财务部领导开始对我印象挺好的，觉得我是一个挺实在的孩子，尽管后来一桩桩一件件的事情表明，我并不具备她们想要的工作能力，可是这些都不是主要的，她们觉得我还是可以培养的。直到后来当我给她们送礼物的时候，她们对我的印象来了个一百八十度的大转弯，觉得我能力不够也就罢了，小小年纪竟然开始钻营人情世故，如此下来又怎会投入精力用在工作上？

[3]

第一份工作受挫之后，我来到了一家冰箱厂，带我的师傅是一个不露声色的留着三七开分头的男会计。

有了第一次的教训，这回我变乖了，每天都会缠着师傅问，有没有什么工作可以让我来做的？

师傅在专心地玩连连看，眼皮都不曾抬一下就说，你先把柜子里一年的凭证给装订了。

一个礼拜不到的时间，我就把凭证装订得整整齐齐。

师傅是个很有耐心的人，他当时是负责出口业务核算的一把好手，只要外贸部那边一遇到结算方面的问题，都会跑来找他，他会很耐心地和人说可能是哪里出了问题，甚至于有时候税务局的出口退税专员有任何问题，他都能予以准确的解答。

所以他去税务局办理出口退税也基本畅通无阻。

他把杂事交给我办理之后，剩下的时间里，师傅就开始玩连连看，只要一有空闲就玩（那个时候连连看超级流行），即便这边通知说要开会，他还是会抓紧每分每秒玩连连看。

我终于忍不住问了一句，连连看就这么好玩吗？

师傅抬起头告诉我，他需要保证自己的头脑在工作时间始终清醒而灵活，所以玩连连看可以锻炼手脑的协调，并且你需要想办法在规定的时间内把相似的图案全部消掉，对于反应速度的要求也是相当严格的。

我头一次听说有人上班玩连连看还能玩得如此理直气壮的。

后来有一次快年底的时候，税务局来了几个稽查人员，对冰箱厂进行税务稽查。

这可忙坏了公司上上下下的领导们，一个个丝毫不敢懈怠，只见师傅不慌不忙地坐了下来，和稽查人员愉快地聊了起来，并对稽查人员的很多问题应对自如，令人惊讶的是，好多年之前的业务他都能如数家珍般娓娓道来，帮助公司顺利地通过了那一次税务稽查。

那一刻我突然明白，师傅是靠自己的专业技能赢得了公司领导的赏识与尊重。

[4]

从那过后，我开始集中精力于我的工作本身，我尽量做好领导交代我的每一件事情，我养成了记工作日记的习惯，每一天做了哪些工作，哪些完成得不错，还有哪些有遗留问题，这些后续要如何解决，后面又是如何解决的，我都会一一记录在本子上。

当然这不代表之后的工作就是一帆风顺，有时候难免会有闹情绪甚至当炮灰的时候，每每遇上这样的事情，我就会告诉我自己，这只是一份工作，我没有必要让它毁掉我的情绪乃至行为，另外工作是可以换的，实在没有必要因为沟通上的问题去讨厌一个人，甚至于有时候做一些看似无聊且重复的工作时，我都会告诉自己，没有被逼或者无奈一说，这些琐事的磨砺对于自己是非常必要的，权当磨炼心性甚至长些见识。

在现代的学习思维里，很多人都在强调专注，然而在人际关系中，我们总是被他人的评价扰乱了情绪，变得难以集中注意力在自己身上。

有人说要经营人脉，所以需要去结识更多优秀的人，这一点我并不否认，然而问题在于，如果我们自身并不具备相应的层次和能力，你也只能静静地躺在对方的朋友圈，却并不能升华你和高人之间的友谊。

记得有一次微信群里聊得热火朝天，一位微博上的大V告诉我们说，世界上哪有那么多人可以依靠，自己没有手，别人想拉你，都不知道你的手在哪儿。

是的，我们太需要像经营事业那样去思考自己的人际关系，学会构建强大的内心与系统的知识体系，不去理会这些闲言碎语，更重要的是按照内心的想法付诸艰苦卓绝的努力。

于是我渐渐明白，当自己无法解决自己的问题时，你所有的讨好只会耗散自己宝贵的时间和精力，他人不会因为你的讨好而对你徒生好感，而真正爱你的人根本不需要你刻意讨好，他们最想知道的，是你是否有真正意义上的进步与发展，你是否如己所愿般真正变得强大起来。

{ 你的普通并不
妨碍你的美丽 }

大二的时候，我第一次出国去参加一个国际学生论坛。

当时论坛的组委会成员全部是来自哈佛的本科生，中国学生都耳熟能详的"哈佛女孩"刘亦婷也在内，但让我印象最深的却是那届主席，一个叫Jenny的小个子华裔，皮肤黑黑的，丹凤眼，其貌不扬，总穿一身合体的黑色西服套裙，喜欢内搭鲜红色的衬衣或小衫。

她既没有大部分美国年轻人那种疯疯癫癫张扬的样子，也没有那种在美国待久了的华人孩子那股自命不凡的样子。

台上台下，永远都笑眯眯的，既行动迅速高效，又谦和有礼。

开幕典礼上出了一点意外，新加坡的前总统上台致欢迎词，然后从Jenny手中接过了荣誉奖牌，转身就要下场，刚走两步，只见Jenny紧赶了几步，轻轻扶住他的奖牌，脸上依然保持着原有的微笑，然后顺势朝台下等待的媒体做了个"请"的动作。

前总统立刻会意，停下来转身，两人心照不宣地各执奖牌一端，向台下众人展露无懈可击的笑容，闪光灯悉数亮起——那一刻Jenny处变不惊的大将风度和魅力冠压全场，达到了峰值。也让我第一次体会到，一个女孩子的魅力，并不是非要靠外貌来获得的。

后来我读研的时候，去美国一个夏令营打工。营里都是美国中产阶级家庭的孩子，而老师们则一半来自中国，一半来自美国。夏令营快结束的时候有个传统，学生们要选出自己心目中的"男神"老师和"女神"老师。

男神，毫无意外地被一个又帅又阳光的美国小伙子夺走，而"女神"统计票数的结果令人大跌眼镜——不是那位个子高挑、头发黑直长的美女中文老师，而是孩子们的教导主任，一位妈妈级的年逾四十的女老师，短发齐耳，为人爽朗，运动细胞极其发达。

"你为啥选她呀？"我随口问一个吹着口哨欢呼的男孩。

"因为她超有意思！超有魅力！"男孩脱口而出地回答。

以前流行过一部经典韩剧叫《家门的荣光》，刚传到国内的时候，很多人在网上评论说丹雅是他们心目中的"女神"，于是我理所当然地认为丹雅一定是位超级美女，结果真看的时候，特别失望，啊，女神就长这样啊？眼睛不够大，脸太长，气质太阴郁，简直不能理解有什么魅力，也没有兴趣再往下看。

后来过了一些年再找出来看，还是觉得女主角不算美女，但自始至终具有超强的存在感，她的优雅、她的涵养、她的成熟、她的淡泊——看过一两集后，视线就不由自主地会被她的一颦一笑所牵动，为她的魅力所折服。

如果以时间为轴，女生的相貌其实是一条正态分布的曲线，在20岁出头的年纪达到巅峰，然后一路衰减。魅力曲线却有着更多的不确定性，可能有人的魅力曲线是和相貌曲线一样的，有的人却会随着年龄陡然升高。

那些并不美貌却被公认很有魅力的女性，首先是些很有生命力的女性。"生命力"这个东西，有时候反而年龄越大越占优势。

如果一个小姑娘招人喜欢，我们会说她漂亮；如果不漂亮，会说她可爱、清纯、活力四射，但很少会用到"魅力"这种大字眼，因为那种由内而外发散出来的气场、活力，那种生命的宽广和厚度，是需要时间和阅历来累积的。

现在回想，美国夏令营里那位妈妈级的"女神"就是这种魅力型人物。

因为坚持锻炼，她身材非常矫健，充满活力，每当营地里划分红方蓝方进行皮划艇、竞走项目的时候，她带的队总能赢得比赛。虽然管教学和住宿纪律的时候，她严肃认真、刚正不阿，但平时和孩子们在一起，该笑的时候就哈哈大笑，学生们有烦恼倾诉的时候，她就认真聆听，从不会因为一个学生会抽烟，或者给她惹过麻烦，就给他们贴标签或分别对待。

当我和她初次相处的时候，也会生出一种"虽然刚认识不久，但这个人可以信赖"

其次，一个有魅力的女性是独立自信的。

许多人对"独立"一词有所误解，觉得独立就是必须单独、独身或者不能求助于人。这里的独立是指那些从未放弃过"独立思考"的女性，比如我身边许多"90后"和"00后"都会觉得刘瑜"很有魅力"，这是个很有趣的现象。按理说他们大都不知道刘瑜什么样子，刘瑜走的是偏学院派的写作道路，却以独特的思考、深入浅出的辨析深深折服了一群素未谋面的年轻人。

我自己在浏览别人的公众号文章时，还经常被一众家庭主妇写手们"迷倒"，看到她们能把平庸小事也写得妙趣横生，或把琐碎家务打理得井井有条时，就会觉得对方的智慧和魅力隔着手机屏都能源源不断地散发出来。

还有一种女性，她们看上去非常普通，实际也是一些普通人，她们说不出大道理，也谈不上多么有深度，但相处起来既温暖又舒服，这也是一种自然流露的魅力。不是那种刻意经营、反复雕琢的美，而是过往一切教育、生活、人生阅历沉淀下来后，女性光辉的自然流露。

美丽尚有据可循，魅力却往往是一种更加主观的感觉。

比起外在的美，有魅力的人更像拥有一个强大充盈的内核，能量和气韵会由内而外，自然而然地流动。美丽的人孤芳绽放，而有魅力的人则会让身边的人都感到温暖与快乐。

{ 与其在安稳中迷惘，
不如在迷惘中折腾 }

[1]

我认识一位90后的姑娘，她是一名新录用刚刚满一年的公务员，大学本科毕业就很顺利考上了公务员，而且考进的还是某个要害部门，别人都羡慕死了，可是，每一次她和我私下里聊天，她都问我同一个问题："我现在很迷茫，怎么办？"起初我很是不解，反问她："你现在不是挺好的吗，看起来那么安稳，为什么还要迷茫，多少人羡慕你现在的工作和生活。"

她是这样回答我的，她说自己一毕业就考上了公务员，在求职上没有遇到过什么波折，现在的工作又是四平八稳，没有什么波澜，她老是觉得这样的安稳来得太过突然，这样的稳定有点儿不正常。她还说自己没有在除了现在这个单位以外的任何一家公司呆过哪怕是一天，完全不了解外面的世界。而她的很多同学有些人直到现在毕业一年了，依然还在不停的倒腾工作，不停的换岗位，甚至有些人已经在尝试互联网+等各种新事物了。每一次和同学们在一起，看到他们每一个人都在忙忙碌碌，都在职场上轰轰烈烈的打拼，而自己却已经开始像一只正在被温水煮着的青蛙，安逸而没有斗志，每一次只要一想到这个，她心里就会莫名的焦虑、恐慌和迷茫。她不知道自己如果哪一天突然要离开现在这个单位，她能够做什么。

没错，这就是她迷茫的真正原因：年纪轻轻，安稳突如其来，她不知所措；进入体制内，四平八稳，她开始设想未来某一天，如果工作和生活不再像现在那么安稳，自己该何去何从。

没想到吧，在大多数人眼里，这样的工作还有什么好迷茫的呢。可是，身处其中的人，一样会觉得茫然无措。

［2］

其实，我一直都觉得迷茫是一件好事，只有迷茫我们才会去折腾、去思考、去试图跳出迷茫，而后真正救赎自己。

在我眼里，经历太过单一、工作太过稳定，对一个年轻人的成长和历练并不是一件好事。毕竟，太过顺利、太过稳定，有时候也会被所谓的顺利和稳定给活活整死的。你看吧，有一些人，靠着父母或者是兄长的关系，一毕业就轻轻松松获得自己渴望的工作或生活，可是，一旦他们的这些靠山倒了或者突然被人给替换了，他们就变得无所适从，甚至开始不遗余力地低三下四去恭维别人，可时代变了，风云大变，他们的好日子也已经一去不复返。这样的例子并不少见，日常生活中，只要我们偶尔关注一下新闻，都能看到有大把关于这类的消息，比如一些贪官的秘书或手下，得知老大垮了，有些直接都跟着跳楼自杀了。而有些本来仗着父母关系曾经作威作福的人，一旦父母不再拥有这样或那样的特权，他们也跟着沦为了笑柄。这就是活活被安稳整死的例子，因为安稳，所以不思进取，因为安稳，所以总觉得自己旱涝保收，慢慢的就失去了忧患意识，殊不知在某一天，自己的奶酪被人动了，都不知道要去哪里寻找新的奶酪。

我认识的那位90后姑娘，明明还是靠自己努力争取得到这样稳定的工作，可她还这么有忧患意识，还这么担心自己如果有一天离开会不会什么都不会做了，我觉得我们应该为这样的年轻人点赞，也应该为她拥有这样的危机意识鼓掌。

[3]

前几天，我看畅销书作家李尚龙老师的一个分享，他讲到的就是这样一个事情。他上大学的时候，不知道自己该干什么，舍友们整天喜欢玩各种网络游戏，不玩的时候就是扎堆看视频，可是他不喜欢，他觉得很迷茫。那时候，他开始折腾，然后他发现了他喜欢英语，渴望做个新东方的英语老师，于是他开始啃着书背单词，后来他参加了一场希望之星英语演讲比赛，在那场比赛中他获得了北京第一名、全国第三名的成绩。在比赛结束之后，一个观众向他迎面走来，他是新东方的一位老师，问他愿不愿意去新东方工作，年薪是一百万，后来经过轻松面试，他实现了自己的梦想。我记得他在讲这个事情的时候，讲了这样一句话："当你迷茫的时候，你一定要去折腾，折腾完了之后你就知道自己喜欢什么了，知道自己喜欢什么，你就会去行动了。"

李老师的这个分享，也让我想起了今年的自己，工作相对还算稳定，看起来还不错，可是考虑到事业与家庭的平衡，考虑到工作地点与家的距离，考虑到长久的发展，我就觉得目前的状态好像还不是我想要的，我不应该安于这样的现状，于是越想越感到很迷茫，越想越觉得工作似乎步入了瓶颈期，不知道何去何从。那段日子，我开始不断折腾，读书、学习、培训等等，然后我就发现了有一样东西是我特别喜欢的，那就是写文章。从那时候开始，我就不断写文章，而且一直坚持到现在，后来我发现写文章带给我无穷的快乐，写文章带给我工作中从未有过的成就感，甚至最近我的文章给我带来了收入，我每周都会收到不大不小的一笔稿费，这让我很开心，也很快乐。

这件事情也让我明白了一个道理：如果你的安稳只是形式上的安定和稳妥，那不叫安稳，真正的安稳，是让自己发自内心感到从容、舒适和快乐，这种安稳更经得起岁月冲刷，更经得住时间洗礼。

现在，你终于知道他们看起来那么安稳，为什么还迷茫了吧。因为他们焦虑、他们恐慌、他们感到不安，他们随时都觉得这样的安稳迟早有一天会离他们而去，可他们根本没有做好失去这一切之后的应对准备，所以，他们迷茫。

请问，此时此刻的你，是不是也身处一个看似非常安稳可实际上却很迷茫的环境里，如果是，不要怕，去折腾吧，我相信今天你的所有折腾，都会在未来的某一天，不再让你折腾，不再让你感到迷茫。

{ 别让旁人的眼光 影响了你的独一无二 }

最近，一个从小玩到大的闺蜜跟我诉苦，因为她总是感觉焦虑不安，这样的日子已经有很长一段时间了，据她的描述，是生活当中发生了一些事情，准确的说，是她马上要搬去一个完全陌生的办公室工作。她觉得自己不能接受，可是又不知道为什么。我安慰她说，这样的变化总归能给平淡如水的生活一点刺激，她却如此排斥，她说感觉心里的某些东西被动摇了。

或许是因为她太爱这份工作，爱跟她一起工作的人，她习惯了这一切，习惯了在自己熟悉的环境中自由的穿行。一开始我是这么想的。

但是聊过之后，我发现，其实不是这样的。她焦虑的原因无关乎环境，也无关乎工作。而是她无法接受进入到陌生的环境中可能会被忽视的感觉。她说：我好不容易让现在的同事都喜欢我，要是换了地方，和新的人一起工作，要是他们不喜欢我，该怎么办？原来她习惯了在现有的环境里被人关注，甚至有的时候，她觉得自己身上是带着光环的，但是改变破坏了这一切。确实，因为性格活泼，又好学，她总是能在现有的几个同事面前尽情的展现自己，自信满满。但是去到另一个大环境中，比她牛的，比她有能力的，比她漂亮的，有很多。到那时，她就不再是目光的焦点。她也不得不承认，自己并没有想象中的美好，更不可能得到所有人的喜欢。正是这种不敢承认自己无法得到所有人的认同，却又不得不展露在众人面前的现实，导致了她的焦虑。她总是努力把自己打造成别人喜欢的样子，因为在她心里，别人认为她好，才是真的好。

我见过不止一个这样的女孩，明明可以做最简单真实的自己，却总是要用别人的价值观来改变自己。如果只是追求一类人的喜欢，用一种价值观来衡量自己，或许还可以说，她正在尝试，看看什么样的生活方式适合自己。这无可厚非，但是这类女孩不是这样，她们有一个想象中完美的自己，这个自己的身上几乎集合了所有她能想到的女孩的优点，并且总是人见人爱。

　　生活中，这样的女孩有两个特点。首先，她们看起来是积极向上，充满热情的，会将学到的，看到的各种心灵鸡汤在身上一一试验。因为在她们的意识里，这样的女孩是受人欢迎的，但是一旦遇到一点挫折，很快就会表现得失落，只不过她们会隐藏起来。她们的内心其实是脆弱的。回到我的那个闺蜜。她说，她听很多的讲座，看很多的道理，每天用不能的价值观跟自己说话，她很喜欢写计划，给每一个自认为喜欢的领域都定目标，却总是不能投入足够多的精力和热情，或者从来就没有开始行动过，一方面是因为它们大多数是别人认为好的，而不是她自己真正喜欢的；另一方面，这些计划都太过完美，太过精细，甚至细到每一分钟该做什么。而这在现实生活中根本就很难做到。于是做不到之后，她又会开始焦虑，然后又开始写计划，如此反复。她总是在同一时间内要的太多，即要每天跑步，拥有美好身材，又要每天学习，这样才能因为知道的比别人多而在同伴面前受到关注，同时她还要练口才，学吉它，学各种软件。总之，远远超过她每天在有限的时间范围内能做完的事情。

　　究其原因，她太过在乎自己在别人心中的形象，希望获得所有人的喜欢，当总是做不到时，就会导致身心疲惫。在她的脑海当中，有一个想象中完美的自己，这个自己实现了她所有的计划，符合所有人的价值观，而这是根本不可能存在的，因为每个人的价值观都不同，它们本身就是矛盾的。

　　其实，期望获得别人的认同是人的天性，在人际关系中，会给人带来安全感。但时间久了，就很容易丢失了自己。就像我的那位闺蜜，慢慢的，她忘了自己内心真正要的是什么，而当下，自己能做什么，应该做什么，可以做什么，全然不知。却总是花很多时间去琢磨别人会喜欢什么样的自己，然后看似积极的去变成那样，甚至去制定很多计划，但写好之后，不是马上执行，而是思考该不该，要不要，开不开始，值不值得。他们进入了一种等死模式：用别人的价值观来绑架自己。然后总是寻找那种从开始就确定，只要开始就会成功的事情。因为在他们的潜意识里，失败是不受人喜欢的，所以不能允许自己失败。他们总是以为自己很喜欢某样东西，然后去追寻，有些时候会从中享受到真正的快乐，但有时只是敷衍，尽力了吗？其实没有。最后的结果大多半途而废。问题的关键就在于，那或许并非就是他们喜欢的，而是他们认为别人会喜欢的。

我也会偶尔看到这样内心的自己，然后就会慢慢地静下心来，和自己对话。我想我们不应该把目光一直放在别人那儿，而是问问自己究竟喜欢什么，想过怎么的生活，找到那个对你来说，坚定不移的信仰，它能让你做所有的事情都笃定而决绝。

不要浪费时间在别人的看法上，你就是你自己，不是别人。人唯一可比的地方，就是谁更了解自己，更知道自己要什么，更能让自己成长。否则，我们都一样，经不起生命的起伏，只会躲在角落里孤独的徘徊着。

{ 别丧失了
对时间的控制权 }

"人只要能控制自己的生活，就总能找到时间。"

这句话像一记响亮的耳光，羞辱着所有被时间追债的现代人。

"我太忙了……""我没有时间……"，每一个说出这些话的人，都是在宣布，自己丧失了对时间的控制权。

难道还有比这更可怕的事吗？正如我们的肉体是由水、蛋白质、肌肉、骨骼等物质组成的，我们的生命则是由单向度的时间组成的。当一个人不能控制自己的胳膊和腿时，你会向他投去同情的目光，却不会怜悯自己那因为失控而瘫痪坏死的时间。你有没有想过，你可能是时间的奴隶，它用一根1米长的铁链拴住你，而你想做的100件事情，就全部躲在10米以外的地方。你好像永远也够不着，你以为你再过5年、10年就能够着了，但真相很可能是一直到老死，你都够不着。因为你不是时间的主人。

在这个星球上，仿佛人人都有一份梦想清单。所谓梦想，就像那些10米之外的东西，人们觊觎着它，却又不砸开那1米长的铁链条。有人说："我从下个礼拜起就要开始健身了。"有人说："等我赚够了钱，我就要多陪陪家人。"海子说："从明天起，做一个幸福的人。"

可是，永远不要听人们口头上的清单；不要以为他们一直念叨的，就是对他们最重要的。因为，构成一个人的实质绝对是他的时间，而不是他的语言。一个人选择如何填充他的时间，就是选择了如何充实他的生命。

比如，有人问心理医生李子勋："我女儿今年2岁，她爸爸经常出差，回来的时候想抱女儿，女儿会说：'不要爸爸。'请问发生这种事情，我如何教育我的女儿？"李子勋回答："为什么要教育孩子？这是父亲应该承受的。"

这位父亲把99%的时间给了工作，只留1%的时间给女儿，就必须承担这种时间分配的结果。与此同时，他也是在为自己选择一个身份：他更愿意成为一个事业有成的人，而不是一个父亲。

许多人都对家人和子女说过这样的话："我辛辛苦苦地赚钱，还不是为了你们吗？"这句话就是一个十足的谎言。因为你一定会看到这样的人宁可把时间花在打牌、喝酒、聚会、玩游戏这些事上，也不会去陪伴家人。

时间的重要属性就是不可逆和排他性。当你选择了做A，就势必不能选择做B。如果一件事情或一个身份对一个人特别重要，那么他一定会在时间的有限疆域里划出一个不可侵犯的地盘，死死捍卫，不容松动，而在这个地盘之外，再规划别的。

因此，所有对时间的失控，都只是一种表面的别扭和错位，深层次的原因是，这个人内心认同他花掉的时间：他本人就是他的时间。

世间的角色并没有高低好坏之分，你的时间就是你的角色。乔布斯和宫崎骏几乎把所有的时间都放在了工作上，他们就是认同个人成就高于家庭价值的人。你把所有的空闲时间都花在了吃喝玩乐而不是学习上，那么你就是一个及时行乐或得过且过的人，就别指望自己突然发愤图强，也别制定那些自己根本不会去实施的计划了。

我的几个在国企工作的朋友，天天嚷着辞职创业却没有任何动静，是因为他们就是最适合在国企工作的人。我从来抽不出时间运动，是因为我根本就是个好静又短视的不在乎健康的人。我们花掉的每一分钟，都是由我们的本质和信仰作基础的。

爱丽丝·门罗带大了4个孩子，也写了很牛的小说；和她类似，村上春树和斯蒂芬·金在出名之前，都是用下班后、睡觉前的那几个小时来写作。他们不用说，时间可为他们证明，他们是谁，什么对他们重要。

{ 别让你的勤奋
变成无用功 }

Angel Ye是我很喜欢的一位广告创意圈的前辈。在她十五年的广告创意生涯里，先后在多家一流的广告公司工作。几年前，Angel Ye又投身创业圈，创办了一家牛哄哄的独立广告创意公司，作为一个女性，她似乎真的很成功。

但是，就在前不久，Angel Ye却因为健康原因宣布离开了。在她写给公司团队的信中，她开始为自己前几年过度工作而后悔，她说："要为自己喜欢的而活；健康与自由比一切都重要；业余爱好和工作一样重要；有能力的人绝不加班；远离那些不聪明且勤奋的人。"

这就是Angel Ye的职场箴言，这几句话简直太符合我对工作、对事业、对职场的三观认知了。虽然，我这种三观也许与很多传统公司的价值观八字不合。我绝不认为一个为了工作放弃自己全部业余生活，甚至放弃自己家庭的人是值得尊敬的，他们恰恰是一个公司中最可怕的定时炸弹。

前几个月公司来了一位三十多岁的资深职业经理人DD，他有老婆有孩子却天天加班到深夜十一点半，离开公司的时候还要把笔记本抱回家；而第二天早上又是9点都不到就出现在公司里了，周末也都是准时出现在办公室一平米的工位上。这看起来简直是感动公司的员工楷模啊！为了公司，为了工作，连孩子抱不抱也无所谓了，连妻子见不见也不管了，觉也不睡了，饭也不吃了，这可真是让人"泪流满面"啊！

果不其然，不出一个月，整个公司就开展了如火如荼的"学习DD同志加班到深夜，早上提早到"的活动。部门领导发话："要好好整顿晚上在8点前下班的人。"

我在另一篇文章中写过：一个人如果真的热爱他的工作，他会全身投入，什么加班加点、熬个通宵全都不在话下。但问题在于，职场中99%的加班都是迫于某种不合理的制度、迫于某种不正常的氛围，很多人一边加班一边熬夜、一边吐槽一边抱怨、一边浪费时间消耗青春，这就是我们大多数人的职场现状。

我和DD共同做过好几次项目，开过好几次会。几次之后，我便确认他就是一个"不聪明却勤奋的人"，一个职场中可怕的定时炸弹，一旦接近他，你的事业和生活就全都毁了。

DD就是这样一个人。他每天9点到公司，开始刷微博、聊微信、查邮件，和周边的同事聊聊天，装出自己特别忙的样子。由于DD是一个小主管，他从来不自己干活，有时候只需要自己给其他Team的老大打个电话、发个邮件就能搞定的工作，他非得让手下的小朋友去找对方Team的小朋友，然后对方Team的小朋友汇报给对方Team的老大，对方Team的老大再打电话来给他……这一个循环，两个小时又过去了。棒极了！

最最可怕的人是"不聪明且勤奋"的。要知道，"不聪明不勤奋"的人虽然对公司毫无用处，但是他们也不会向公司输出额外的价值观，他们只是一个个透明人，在职场中随时会消失，也许他们在工作之外还会有其他的成就。而"不聪明且勤奋"的人，则时时刻刻向公司的其他人传递着一种自以为很高尚的价值观：虽然我能力不够强，但是我能用时间来弥补啊！这种价值观一旦在公司里弥散开来，那就完蛋了，整个公司将会成为一个效率低下，员工幸福感低下的"双低"公司。

读到这里，也许已经有很多人要骂我了：那你说，像我这种不聪明的人怎么办？我连勤奋一下、努力一下都要被你骂，那我干脆饿死算了！不不不，在我的理解中，"聪明"永远是一个相对的概念，"聪明"也是一种工作的方法。

从小到大，我的数学和英语就不好，在与数字和字母相关的工作领域中，我就不是个"聪明人"，所以我不会去选择当一名会计、精算师，或者翻译；但我的文字、审美、创意还不错，也许是个"聪明人"，所以我会去尝试做设计、文字和创意类的工作。我还记得我刚毕业在广告公司工作的时候，同样的任务和工作量，我几乎都能在晚上7点前完成，没怎么熬过夜；当时每每看到第二天，很多和我一同进入公司的小伙伴们都一脸疲惫、黑着眼圈的时候我就不理解，为什么你们要熬夜呢？果不其然，这些每天都熬夜写策划的"工作狂"们，几个月后都转行了，他们去了那些更适合他们的行业和公司。在那里，他们成为了"聪明人"，他们真的就很少熬夜了。

所以，"聪明"只不过是"喜欢"和"合适"的同义词，如果你每天都觉得你不够"聪明"，你需要换个坑了。

"聪明"还是一种工作的方式。聪明人都特别具有经济学的头脑，他们最看重的是"时间成本"，他们不允许任何一秒钟的浪费。一个职场中的"聪明人"，绝不允许自己的时间花在刷微博、聊微信和各种无意义的会议中。无论是苹果的乔布斯，还是微信的张小龙，他们都是绝顶聪明的人，也都是极度讨厌开会的人。

很多时候，我们会看到那些功成名就，那些星光闪耀的创始人、CEO们一边经营管理着庞大的公司，一边还能够一年阅读一百本书籍，还能每个月和父母妻儿出国旅行，他们还能登上珠穆朗玛峰、玩摄影拿金奖、还能写出各种畅销书，同时及还能保持养生，每天十一点前必定睡觉。他们为什么有那么多时间？

原因很简单，他们都是"聪明人"，他们所从事的工作都是自己极度热爱的，因此他们在工作的时候就能百分之百的投入，获得极高的工作效率。他们拒绝一切无意义的会议、烦琐的流程、无效的聚会。在工作结束后，他们能够将工作完全忘记，让自己全身心投入另一个世界里。这才是人生赢家啊！

但是令人沮丧的是，大多数的公司，大多数的职场，充斥着"不聪明且勤奋"的人。这类人，也许是工业1.0时代工厂流水线上最受欢迎的人，但是现在我们需要的是更高效的工作和更丰富的生活，而不是死气沉沉地混日子。

很多时候我真的特别担心自己的未来，在我目所能见的范围内，都是"不聪明且勤奋的人"。在这类人中，最成功的是这样的：在一个个大公司里，做着一份自己并不那么喜欢的工作，一步步唯唯诺诺往上爬，每天熬夜加班不回家，没有任何工作之外的乐趣，整个人变得枯燥而无趣，终于在三十多岁的时候，拥有了一个看起来不错的职位，有了一份还算不错的收入，但这又如何呢？回头看看，他们的青春留下了什么呢？他们的未来又有什么期待呢？

最后再搬出一下马斯洛的需求金字塔理论：你工作的目的到底是为了什么？只是为了获得最底层的物质满足吗？还是为了实现更高的自我价值呢？

{ **怎么活，**
靠你自己选择 }

如果你八岁那年坚持梦想，那么十八岁以后，你就靠近你的梦想十年。

前不久在网上看过这一段话，觉得特别深有感触，瞬间点燃了自己一鼓作气的决心。

面朝大海，总会春暖花开。

我们每个人，都是从母亲十月怀胎而来，蹒跚学步，嚎啕大哭，我们样样不比别人少。你也没夭折在小时候，你照样顺顺利利地活到这么大，没少鼻子没缺眼。

衣来伸手饭来张口，你过得清闲自在，从不懂得居安思危。你甚至从来都没有想过未来，更别提自己的梦想是什么了，大概连你自己都没认真考虑过。

你扪心自问，你为梦想拼过命吗？为生活不顾一切果断勇敢前进过吗？为了心心念念的自己固执过一回吗？

我想，大概，你没有。

你只有看着别人成功，而后懊恼，为什么别人都取得成果，而你却只有两个馒头一碗粥，那么苦涩萧寒。

然后，你开始抱怨不平等，抱怨没有投胎成富二代，你开始咬牙切齿的安慰自己，这一切都不怨你，都怪命运在捉弄你。

我想没有一个人是不经过努力，就可以到达彼岸的，就算有船有帆也不行。因为你做不到万事俱备，只欠东风。

如果富二代的爸爸不奋斗大半辈子，他儿子也不会衣食无忧，北窗高卧。你没有先天条件，就要笨鸟先飞。

我现在二十岁，如果努力十年后，梦想虽然不一定会实现，可它毕竟走近了生活十年。反正日子也是一秒一分的过，何不让自己有个目标。

回家的路都很多条，通往梦想的路，也有很多种，就看你怎么走，所谓该出手时，就出手。

[1]

有段时候住在隔壁的邻居，整天都会通过向南的窗子传来刺耳的争吵声，各种碗筷碰撞发出的尖锐声，一些噪音特别大的歌曲声。

我是很好奇这些人，整天都搞些什么，除了喧哗大闹，难道就没点正经事？

老妈说，他们家儿子整天躺在家里酣睡如泥，游手好闲，上个三天班就喊累，熬不了夜干不了重活，就辞职回家一直休息。

他爸恨铁不成钢，整天嘴都长他身上都不行，甭管他二十多岁，照样不给面子的痛打一顿。

其实像这种人，社会上有很多。毕了业，像失了魂，完全没有了方向，除了迷茫就是被社会给染了黑颜色。

你如果说他们是孤独症患者，倒是给他们安上了病号的头衔。

他们明明朝气蓬勃，却像风吹雨打，寒风霜降蔫了的花。

如果他们把抱怨的精力放在梦想上，究竟会不会开花结果我不知道，但最起码不会精神萎靡不振，无所事事。

刘同的为梦想努力十年里有一句话：一个可以为梦想努力近十年，然后实现的人。看他第一次露出喜洋洋的笑脸，我的心底也充满了阳光。

我想大概这是最让人对所有烦恼烟消云散的一刻，你的努力不会亏待自己，不要总想着会不会成功，要走就走到尽头。

如果你对什么都畏手畏脚，前怕狼后怕虎，恐怕到最后两手空空，一无所有。

你宁愿被生活逼死，倒不如四处谋生，不一定会活，但最起码不会早死。

[2]

前不久，表姐被炒鱿鱼失业，她动不动就发脾气，看谁都不顺眼，开始扯陈年往事，怪父母没本事。

不管我怎么劝，她都像着了魔，一个劲的埋汰，说我事不关己高高挂起，没读过这本经，不知道难在哪里。

如果站在她的角度，我确实是个局外人，事情没有发生在我身上，我的确不能感同身受地替她难过。

我想如果我被炒了鱿鱼，我肯定也会暴跳如雷的气愤，把领导都给骂个遍。可是出气泄愤之后呢，不还是照样过日子。

不管谁劝你都不听，这不叫固执，这叫死脑筋。人家看不起你，你就抓住不放问个究竟，到底为什么看不起你。

可是知道又怎样，不知道又能怎样，你应该做的是好好奋斗，出人头地，去追逐梦想。等你满载而归的时候，自然少不了给那些看扁你的人，一记响亮的耳光。

都说哪里跌倒，就在哪里爬起来，你不能哪里跌倒，就在哪里睡一觉啊。

也有人说，你说的是轻巧，两嘴唇一张，什么都敢说。

我一直崇信，敢说才能敢做，但千万不要说大话。

趁阳光正好，趁微风不燥，趁我还年轻，趁你还未老。

你还年轻，为什么不去努力，就算你不在年轻了，难道就等着死亡的来临。

我们应该做的是鼓足勇气，一口气昼夜兼程，穿过人山人海，到达人生巅峰。

反正怎样都是一生，碌碌无为是一生，平淡无奇是一生，功成名就也是一生。

怎么活，靠你自己选择。坚持梦想不难，坚守阵地也不难，难的是你内心够不够硬。

看过鲁豫有约，里面的名人旧事，无一不是没有坎坷的人生，最后怎么一步一步迈出这个巨大天坑的，先不管这些故事有没有添油加醋的大讲一通，最起码人家能光宗耀祖一辈子。

我们通常都是在电视机下面无限感慨，替别人的人生感叹，怎么他就有这么好的机遇呢？

你看，你又在推脱了，只要你肯为梦想努力，你也一定会有机遇，虽然不一定让你的大名响彻世界，最少你一生会很充实。

很多人都说人各有命，什么都是天注定。我是最不能听见这样的言论，如果我让你喝一瓶毒药，你看看上天能不能让你活到明天。

前不久何炅说梦想不仅仅是拿来实现的，这说得也很有见解，我们为了梦想努力，才能让自己的生活一直坚持充实下去。

它像一个精神支柱，伴你一直前行。

[4]

姑娘，你梦想是什么？答：有很多钱。

兄弟，你梦想是什么？答：娶个如花似玉的老婆。

好，这是我采集而来的答案，是不是觉得很肤浅？但我却觉得肤浅中透着真实，因为他们没有梦想，梦想就是娶妻生子，攀龙附凤。

其实因人而异，如果强行定义的话，这也算是个梦想。

我不想让自己朝着这样的梦想走去，我也希望所有没有真正去探索梦想的人，能去找到方向，找到梦想。

你该怎样去坚持一个梦想，该怎样去坚持走下去人生这条路，就靠你自己了。

风雨兼程别怕苦，姑娘兄弟，大胆往前走，梦想在朝你招手，加油。

{ 每一条人生路都是值得走的 }

记得高三的时候，我选择了要努力高考然后考去澳门读大学。那个时候，我从未离开过家没有离开过上海，再好笑一点，从来没有离开过上海虹口区。也从来没有经历过任何要一个人面对的大挫折。我听过一句话："当你知道你想要什么的时候，整个世界都会给你让路。"那个时候觉得这句话很神奇，于是就默默记住了。

突然想起，最近很多人来说，"你的人生很欢乐啊，四处走四处玩四处拍照"。那么，如果真的来换你体验我的人生，你会愿意吗？

因为戴牙套，很多英语的音我不能发标准，但我还是会很努力去表达；在欧洲读书三年，有半年是在爱尔兰交换，还有现在的半年在巴塞罗那实习，到处走到处搬家，到处找牙医；在西班牙找牙医真的很难，再找一个讲英文的更难；我总是租那种有家具的短期房，因为总是搬来搬去，尽量买很少的东西减少搬家的麻烦，居无定所；大三上半学期荷兰海牙大学的OSIRIS有问题，到现在很多成绩还有追回来；实习的公司里除了我，全是英国人加拿大人的英语nativespeaker，而且是专业marketing背景出生，压力可想而知；更不用说这里是西班牙，很少当地人会讲英语，就连一点英语基础都没有，所以我还要额外学习西班牙语。

住在巴塞罗那市中心很贵，所以我住在近郊，每天我都要一清早赶火车再转地铁；公司在巴塞罗那市中心，午餐很贵，所以不能顿顿出去吃，因为大多餐馆是开给游客的，有时候还要自己准备午餐；我的论文导师对于文法很敏感，一点点小错误她会退回邮件要求重新再写，更不用说，我已经发了五次thesisproposal，我的压力很大，因为proposal不通过会影响到我做research的schedule；选择了来巴塞罗那实习，意味着荷兰那里的房屋地址还是要续着；因为我选择来到这里实习，导致了我之前黑心房东拿着我的350欧押金，我还不能脱身回到荷兰讨回公道；黑心房东还拿着我的银行信件和寄存在那里的一箱子行李；当初我去爱尔兰做交换生，visa在临走之前才办下来，更不用说办visa的时候要准备一大堆证明；在爱尔兰一开始他们的浓重口音我都听不懂，第一个星期上课还很迷茫；在去爱尔兰之前，还要保证海牙大学所有的学科第一次考试就通过，因为去了做爱尔兰交换生就没有补考的机会了；大一的时候第二个term我的学生卡丢了，结果第三个term一个星期内压力很大地要考12门功课……

今天早晨，巴塞罗那是阴天，浓云密布。昨天晚上发起了高烧，一点力气也没有，却还是拖着病挤上了火车，再照常转地铁到市中心去上班。害怕迟到，直接穿着运动裤和棉衫，套上厚厚的外套，早餐也没有时间吃。

我还是坚持每天都是第一个到公司，就算我是住得最远的；我每天都晚上七点半下班，很努力研究SEO，学习online marketing，viral marketing campaign，认真写公司SEO-blog，分析GoogleAnalytics。每天两个多小时火车加上地铁来回，到了家还要做饭还要写论文。昨天晚上一点力气也没有，就直接睡觉了。

我的爸爸妈妈从来都不知道我有没有生病有没有压力很大，因为我从来都不会在那些时候和他们说。只会在最开心的时候，比如收到实习offer，比如拿到奖学金。他们像你们的爸爸妈妈一样，很想宠爱家里唯一的小女孩。可是，就算我说，今天我生病了，发寒热还喉咙痛到一点声音都发不出来。他们只能在那里很着急，但这不是我要的。

当今天早晨拖着病发着高烧走在熙熙攘攘的巴塞罗那街头时，我才醒悟过来，原来当你真的想要什么的时候，你会拼了命很努力的去争取。去争取和自己心爱的人在一起，去争取自己想要的事业，去争取进步成为自己想要成为的人。整个世界都会宠爱你，因为你的努力和真诚。

我很谢谢那些宠爱我的朋友们，一直都那么帮助我鼓励我。我觉得我很幸运也很幸福。

因为戴牙套的关系，反而独创了嘉倩招牌笑容；因为去爱尔兰交换，结交了很多朋友；因为不害怕麻烦凭着一股傻劲，反而来到了巴塞罗那实习的第一个月就有了很多值得玩味的经历；因为我很努力研究SEO，现在我写的SEO-blog成为了公司网站吸引Traffic的topcontent；因为喜欢摄影和对它的热情，得到了老板嘉许可以变成实习任务的一部分；因为喜欢放大生活里一点点的小快乐，于是就渐渐成为了一个很乐观的人。

因为自小喜欢看书看电影，不甘心一直看别人的故事，于是就选择走出自己的小世界，这四年不在上海一个人在外面闯荡，慢慢也成了有精彩故事可以说的人。

谢谢Mel还有她可爱的妈妈，替我解决荷兰的地址注册问题，还帮我同荷兰政府交涉，免去了一笔额外水电税的钱；谢谢爱尔兰做交换生的时候，Ryon，小胖，晶菁等等大家的帮助，谢谢晶菁那天来开车接机，谢谢大家为我安排学校旁边的房子；谢谢公司里的同事，替我修改论文proposal，还很认真地听我的表达；谢谢实习公司的老板，让我第一次那么专业地当communication咨询师，耐心地教我；谢谢小马，毕业生，Jackie，小雅小文姐妹对我那么有信心，让我更想努力成为communication咨询师；谢谢Aboy，一起去土耳其的旅行我真的很开心，谢谢你一直照顾我；谢谢我的爸爸妈妈，你们从来没有给过我压力，只要我快乐就好，也是你们让我懂得，平常心最重要，人还在什么都好了，不管去哪里都要认真地生活；谢谢大家在校内里支持我的照片，让我就算戴着牙套，也能笑得很开心很自信，谢谢你们对我说，看我的照片也会心情很好。听到这个，我真的好开心；是你们让我懂得了越努力越幸运的道理，也是你们让我对这句话"当你知道你想要什么的时候，整个世界都会给你让路"有了更深的领悟。

还有十天就22岁了。

这一年，我就要摘牙套了；这一年，我就要毕业了，选择继续读master或者工作；这一年，我会为实习的公司执行一次自己策划的viral marketing campaign。

这一年，我还有很多地方想去。

这一年，不论我去哪里不论我做什么，我还是会坚持做我自己。

希望大家看完这篇日志，能够能量满满地爱自己的人生，爱自己的生活。羡慕别人的生活不能为你带来进步，脚踏实地地走好现在的人生路，不论你在高考、考研、求职还是面临毕业，不论你在国内还是在外留学……每一条人生路都是值得走的，就看你怎么走，怎么努力，怎么用心。

做一个能努力读书工作，同时可以用心享受生活乐观的人，这比什么都实在。

{ 过不一样的生活 也是种可能 }

前阵子，约好友X先生吃饭，问其最近的安排，他眉飞色舞地和我说道："9月份，准备在北京看故宫石渠宝笈特展，然后去广州看广东省博物馆书画大展，从那直接前往香港去看汉武帝特展，顺便尝尝香港唯一的米其林三星中餐厅——龙景轩，中秋节当日再去维多利亚港湾赏个月，紧接着，就得去台湾看范宽特展和郎世宁来华300年特展，当然，到台北故宫博物院品尝一下东坡肉，再去塘村吃牛轧糖也是必不可少的活动；10月中旬，打算再去趟日本，看奈良正仓院特展，九州国立博物馆10周年纪念特别展和东京国立博物馆中国书画特展；11月，去南美旅行之前，还准备先去纽约看大都会博物馆百年中国书画展。"

虽说我早已习惯了X先生独特的生活方式，但这种"看展生活"还是让我小吃一惊，于是半开玩笑道："你这生活也太奢侈了吧！"说其奢侈，并不全是因为它的花费，相比那些奢华的生活方式，这些花费其实并不算很高，更多的是因为他能够不受钱和时间的限制，随心所欲过自己想要的生活，这似乎才是真正的"奢侈"。

X先生是一个世界文化遗产的狂热爱好者。他自小熟读史书，书上能够读到的，他已经了解得差不多了，因此他目前最大的梦想就是能身临其境那些留存下来的世界遗产。为此，他把过去十年的大部分时间花在了行走的路上，游走于世界各地的文化遗产，哪里有好的展览，就专程飞过去看。到目前为止，他已经去过近五百处世界自然和文化遗产，也把中外顶级中国历史文物看了个遍。

和X先生相识已经有两年多时间了，因为彼此身上的一些共同点，我们慢慢地从最初的工作关系变成了朋友。关于他的这种生活方式，我也从一开始的不理解，转变到现在的欣赏和支持。不过，我欣赏的并不是他能够到处行走，而是他敢于按自己的方式去生活。

能够想明白自己想要什么，并勇于去追求不是一件容易的事情。人都会有从众心理，这种心理使我们想要与周围的人保持一致。在原始社会，从众会增加我们的生存几率，因此这种选择是明智的。不过，人类社会发展到现在，"从众"与"生存"似乎不再有直接关系，但是这种原始的力量依然存在并主宰着我们。从有意识起，我们便开始"模仿"周围的人，在不知不觉中继承了父辈们的生活方式和价值观。这并不是坏事，反而使生活相对简单，因为我们不需要过多地去思考和选择。

若生活能够一直这样下去也无大碍，可问题在于，有一天我们很有可能会突然发现，自己原来是有选择的，生活还可以有多种可能性。于是，我们会陷入了一种困境：是选择继续从众还是跟随自己的内心去探索。从众是稳定和安全的，但我们很可能会因为某一天的觉醒而生活在遗憾中；探索，毫无疑问，是种"冒险"，因为没有了"模仿"的对象，一切都得依赖自己，但这也许会让我们的人生少些遗憾。

有很长一段时间，我都处于这种困境中：我知道自己并不适合那种稳定的上班生活，但却没有足够勇气去摆脱它，也没有想明白到底想过什么样的生活。今年，外在因素终于促使我脱离了"正常"的轨道。这时，我才发现"过自己想要的生活"其实是个伪命题，因为你根本不知道自己喜欢什么样的生活，直至你过上了这种生活。我原以为自己是个事业型的女强人，渴望成为叱咤风云的职场精英。

过了一段不上班的日子后，我发现自己其实并没有想象中那么有野心和志向，我似乎更喜欢这种不慌不忙，有足够可以自由支配的时间去享受生命和发展自我的生活。于是，我的生活目标变成了：用尽可能少的时间赚足够生活用的钱，然后把其他的时间用来好好生活，不断充实头脑，并精通几门技艺。

尽管过得充实和快乐，但这样的生活却时常让我陷入"身份危机"。每当有人问我是做什么的时候，我都不知道要如何回答和解释。在大家脑子里，大致有那么几种分类：求职者、上班族、创业者或是全职太太，而我似乎不属于其中任何一类。有的人甚至为我不上班，也不创业而感到惋惜，觉得我在浪费自己的青春和才华。

我很理解他们的想法。过去，我一直以为像上班赚钱那样的日子是必须的，因此对于X先生的那种生活，我曾一度无法理解。辞职之后，我才慢慢发现，工作只不过是手段而已，不是最终目的。的确，它给我们提供收入来源，但如果已经有足够支撑自己生活的资金来源呢？当然有人会说，工作让我们个人价值得以实现，那么不断学习，做自己热爱的事情难道不是一种自我实现么？倘若一个人不用担心经济问题，每天活得充实，有意义，也能够给身边的人创造价值，那可不可以不去过分追究他到底是做什么的呢？

我绝没有想要否定工作赚钱的重要性与合理性，朝九晚六的上班生活毕竟是现在的主流生活方式，但我们需要意识到，这不是唯一的，也不是不可改变的。我们应该允许不一样的生活方式存在，不去过分评判他人的生活选择。要知道，当我们把自己的价值观强加于他人身上时，我们也在限制自己，同时失去了本可以拥有的更多生活可能性。

然而，让我惊讶并感动的是，当我把自己关于未来生活的想法分享给一些朋友时，他们超乎想象地支持我。有人甚至特别诚恳地叮嘱我，一定坚持下去。对他们来说，我似乎代表了一种希望——"过不一样的生活也是种可能"的希望。的确，从某种角度来说，我在做一场试验，一场需要花上一辈子的试验。虽不知道结果会如何，但我甘愿冒险走下去。说到底，"路"不都是走出来的么？

　　坦白说，对于这种不把工作赚钱作为重点的人生，我也曾纠结过。我心中始终有个结——万一哪天遇上个花费很高的病，我怕自己没有足够的资金去医治。某天，和好友聊天时，我无意间谈起了自己的顾虑，结果她一句话便彻底打开了我的心结："如果实在没钱治，那就别治了呗。"我恍然大悟，是呀，为什么要如此执着于"生"呢？所有生命都将在某个节点结束，不过是时间早晚的问题，而生命是如此无常，以至于我们根本无法预知明天和意外哪个先来，所以与其担心未来，牺牲现在去为那些可能的意外做准备，还不如好好地用心把每一天过好。人这一辈子，最可怕的不是死亡，而是当死亡来临时，你突然发现自己从未用自己想要的方式活过。

{ 看清自己，才能做更好的自己 }

卢怀慎是唐朝著名的宰相，他的有名却与一个绰号有关，叫"伴食宰相"，说白了，就是"陪伴吃饭的宰相"。一个一人之下、万人之上的宰相，沦落到只能陪人吃饭的份儿上，不能不令人觉得有些尴尬。

说起"伴食宰相"的绰号，还是有些来历的。当时与卢怀慎一同为相的，还有姚崇。姚崇以"善应变成务"著称，能力超强，深得皇帝的信任。卢怀慎自知能力与姚崇差得太远，所以每有政务上的事，都推给姚崇来处理，这倒不是他有多谦虚，而是他确实能力不济。

有一次，姚崇的一个儿子死了，白发人送黑发人，姚崇很伤心，不得不请了十多天假给儿子办丧事。结果这十几天的时间，政事堆积如山，卢怀慎看着眼前成堆的请示、报告，竟然一件也不能决断，于是自己也感到惶恐了，觉得不是干这事的料，就主动向皇帝请罪，要求免职。唐玄宗皇帝却没有丝毫怪罪之意，心平气和地说："朕以天下事委姚崇，以卿坐镇雅俗耳。"意思是说，我把天下的政事委托给了姚崇，用你当宰相，是因为你能引领一代风尚啊！

在外人眼中，卢怀慎虽不贪权，却也干不了什么事，难怪要送他"伴食"的称号了，而唐玄宗皇帝却慧眼独具，看中的是卢怀慎另一样可贵的品质。

卢怀慎生活在开元盛世，那是一个国家非常富足的时代，然而他却生活得很清贫，虽然一直担任高官，但不仅衣服器物上没有用金玉做的豪华装饰，妻子儿女的温饱有时都成问题，经常要忍饥受寒。原来他挣的俸禄加上皇帝的赏赐并不算少，可他从不以财产为念，总是毫不吝惜地给予亲戚朋友，随有随散，没有一点积蓄。有一次他闹了病，宋和卢从愿二人去看望，见他铺的席子单薄而破旧，大门洞开，连个帘子也没有，恰好外边下起了雨，风将雨吹进窗子，卢怀慎只得举起草席来遮挡自己。三人相谈甚欢，不觉天晚了，卢怀慎邀请他们留下吃晚饭，结果摆上桌的，不要说好酒，饭菜也仅有两盆蒸豆、数碗蔬菜而已，连个肉星儿都没有。

卢怀慎死的时候，家里竟然没有钱给他办丧事，还是唐玄宗下诏赐给他家织物百段、米粟二百石才将他安葬。有一年唐玄宗外出打猎，走到城南时，在一片破旧的房舍之间，发现一户人家正在简陋的院子里举行什么仪式，便派人询问，那人回来报告说："那里正在举行卢怀慎死亡周年的祭礼。"经过卢怀慎的墓时，石碑尚未树立，唐玄宗驻马良久，潸然泪下。于是停止打猎，回去后立刻命令官府为他立碑，唐玄宗皇帝亲自书写了碑文。

卢怀慎的清正廉洁没人提出过异议，但如果说他只知"伴食"，毫无能力，则是极大的误解。

卢怀慎是滑州灵昌(今河南滑县)人，是范阳的著名家族。他在幼年时器宇不凡，以至他父亲的朋友、时任监察御史的韩思彦预言说："这个孩子的才气不可限量！"大了以后，卢怀慎考中进士，跻身官场，才一步步走到了宰相的高位。卢怀慎最大的能力，恐怕就是见识非凡，善于识人用人，宋和、李杰、李朝隐、卢从愿等唐代著名贤臣，就是在他的推荐下而得到重用的。临死前，他曾拉着宋和卢从愿的手说："皇上求得天下大治心切，然而在位时间长了，在勤政方面渐渐有些倦怠，恐怕要有奸恶小人乘机被任用了。你们要记住这些话！"他的话不幸被言中，玄宗后期的安史之乱，正是从用人不当开始的。

明代儒学大师李贽评价卢怀慎"当事而让姚崇，身退而荐宋"，是有识贤之能，有让人之量。可见卢怀慎对姚崇的谦让，并不是因为无能。他毫不保留地把聚光灯都集中在了姚崇身上，为了花红，甘当绿叶。有了主角的充分发挥，再加上配角的密切配合，才能演出一幕好戏。正是在他们的共同努力下，才开创了大唐帝国开元盛世的辉煌。卢怀慎最可贵的地方不仅在于他品格高尚，而且在于他有一份自知之明，不嫉妒，不逾越，甘于配角的位置。

　　一个人拥有一些才能并不难，难在有一颗平和的心，看得清自己，也看得清别人，从而为自己找到一个恰当的位置，而这恰恰是获得成功的最为重要的条件。

{ 有时喜欢
比努力更重要 }

[1]

如果问我：小时候的记忆中，你最想做的一件事情是什么？我一定会回答你："我想变得瘦瘦的。"

小学的时候，情窦初开，总是会默默地喜欢一个男生，却在见到他的那一刻，飞一样地躲开，如果实在躲闪不及，我就会佯装出很平静的样子，内心早已波涛汹涌。

记得小学那会儿，我喜欢瘦瘦高高聪明的男生，可是当时，瘦瘦高高聪明的男生怎么会喜欢一个胖胖羞涩还不解风情的女生呢，也就是怎么会喜欢我呢，当时的我内心颇为自卑，虽然一度大家认识我的方式都是"那个学数学竞赛的女孩"，但是都不足以让自己昂扬自信起来。

当时，我很羡慕小学时的音乐课代表M，她身材高挑，常常面带自信的微笑，最重要的是，她真的很受男生欢迎。每天中午午休结束，她就会走到讲台上，伸出双手举到齐头高的位置，接着我们就在她纤细手臂的挥动下开始唱歌。我常常出神地望着她，有一次她买了一双很流行的白色大头皮鞋，我羡慕极了，回去就开始纠缠妈妈给我买白色大头皮鞋。

就这样，我一直把自己收不到男生情书和表白归结为"我胖"。到了初中，随着越来越在乎外表这件事，我就开始减肥，还记得当时刚好是非典集中爆发的时期，学校停课了。"机会来了。"我内心狂喜，终于可以把更多时间花在"减肥"上了。

拿出纸笔，细细制定计划："早上去体育场跑十圈，晚上连走带跑十圈，每顿饭只吃半碗饭，配一些清淡的菜。"偷偷制订计划之后，就开始严格执行。开始我瘦得很慢，但是几天后，我发现我平躺的时候可以摸到自己的肋骨，我的腰身越来越纤细，再后来，我的裤子由二尺二变成了二尺，又变成了一尺八，我开心极了，暗想："时机未到，继续坚持。"直到有一天，我去上古筝课，学古筝的老师指指我的手腕对我说："你看看你瘦的。"我才发现，我手腕处的骨头凸出来了。上完课，狂奔回去，一上称，竟然只有82斤。对于当时身高一米六、体重向来都是三位数的我来说，这个数字带给我的不仅仅是兴奋，还有重新找回的自信。

复课后，大家都围过来，看着我宽松的裤子，"你怎么瘦了这么多？""你是不是得非典了？"我很低调，"没，减肥减的。"在一系列的追问中，大家开始适应我瘦瘦的样子。

我可以很轻松地跷二郎腿了，可以看到喜欢的裤子直接说给我拿最小码，看到喜欢的衣服不再关注"会不会显胖"这个问题。所有的好运都是一环套一环的，我的成绩变得更加稳定，一度考了一个年级第一。

其实，现在想想：当时的毅力哪来的？我觉得，可能是我享受减肥这件事情带给我的成就感远远大于胃液灼烧和胃壁摩擦带给我的痛苦。乐在其中地去坚持一件事，总好过天天暗示自己"你必须这么做"要来得容易且长久。

[2]

从高中开始，他突然喜欢上了音乐，唱歌成为他生活中迫切需要的一件事情，就像水之于鱼一样，随即，他便忐忑地对母亲说："我想学声乐。"母亲从并不十分富裕的积蓄里拿出一些，请了每小时150元的声乐老师，满足了他的愿望。

从那时起，唱歌成了他身体的一部分，走路的时候在唱，坐公交的时候在唱，丝毫不在乎别人的眼光，甚至，每天晚上出去练声成了一个习惯。

"今天别去了。"母亲望望窗外的大雨劝慰道。

"妈，没事儿，你早点休息。"他拍拍母亲的肩，拿了一把伞就转身出去了。

雨天和雪天都未能阻挡他将这个习惯延续下去。

转瞬到了高考报志愿的时候，他毅然填报了就业率两极化的声乐专业，未来之路的艰难他不是不明白，可是不试一把，又怎么对得起呼啸而过的青春？

他对音乐的热爱是从骨子里散发出来的，亦如他的母亲。

母亲在他这个年纪，已经在校文艺队经历了各种弯腰劈叉的训练，还天生一副好嗓子。

在做了几年音乐教师之后，母亲为了照顾上初中的他和姐姐，放弃了一份大学音乐教师的跳槽机会，因为，如果去大学任教，由于距离原因得住校，那么两个孩子的饮食起居怎么办？

从此，母亲一直将这个爱好深埋在心底，从事了另一份薪水略好的工作，毕竟，高中、大学哪一个阶段不需要钱。

可是，无论是同学聚会，还是公司聚餐，在需要一展歌喉的时候，母亲的好嗓子定能一鸣惊人，从未荒废。

曾经看到一家创意公司的招聘信息，其中有一条要求应聘者提到自己的兴趣爱好时能够两眼发亮，这条标准不无道理，爱好往往让人变得魅力而特别。

有些爱好，渗透到血液，蔓延到骨髓，无论过多久，无论在何时，这个爱好就是你的一个"舒适区"，当你抵达，所有烦恼抛诸脑后，大叹一声："这才是生活。"

[3]

知乎上有人提问说："为什么有人愿意用喝酒、吹牛、看综艺节目来消磨时间，有人却选择用这些时间来看一本书？"

其实，答案无关乎对错，只是因为每个人的舒适区不同，有人的舒适区就是读书，有人的舒适区就是看电视、打麻将。

很多人多有过类似的体验：紧张的时候，会愿意看年少时看过的电视剧，吃年少时最喜欢吃的零食，如果跟父母关系好，那么每次回老家都是一种愉悦体验，就算跟着父母看俗套的电视剧也会心情舒畅。

每个人都有自己的爱好，这个爱好就是最让你有安全感的舒适区，它甚至是一种仪式般的行为，每个人所做的，都是对当时心情的最优解。

"毅力"这个词，真的是给别人准备的。就像我一个朋友，学管理的，自己考上了社科院法硕的研究生，我说："你真的好棒，法律这个陌生的领域，你竟然无师自通了。"她嫣然一笑："其实，当你看进去了，就没那么难了。"

又想到自己去年参加的唯一一次省公务员考试。在父母的各种威逼利诱下，我买了书开始看，刚开始的时候甚至都不知道什么是行测和申论，于是只好就抱着"既然没退路了，那就看吧"的心态，天天晚上看书，周末泡图书馆自习室，一个多月，印象最深的是，《来自星星的你》当时正风靡，闺蜜一直推荐我去看，还要跟我讨论剧情，我看看日历，想想考试的日子，就平静地说："等我一个月。"

半个月后，我竟然发现我开始爱上做题了，爱上周末起大早去自习室时的感觉，就这样坚持了一个多月，最终岗位笔试竟然考了第一。

现在想想，任何事情都是这样一个过程，决定去做了，就着手去做，一旦找到了舒适区，你就会乐在其中，或许就发现："喜欢比努力更重要。"

永远充满喜悦地唱每一首歌，跳每一段舞，看每一场球赛，过每一段人生。

第三章

不给自己的
人生设限

{你的生活，你要掌握主动权}

[那些扔在废纸篓里的时间]

星期天，你享受着难得的清闲，打算看会儿书，听点音乐。

你拿出新买的碟，正在拆包装，手机铃声响，你看着屏幕上跳跃的名字，根本不想接，可铃声不依不饶，你叹口气，接了。

明明厌烦，接通的一刹那，你却解释："对不起，我刚才在洗手间。"

电话那头，哭声频传，你头皮发麻，朋友梁需要安慰——她经常需要，这一次不知是工作还是感情出现问题，你做了好耳朵发烫的准备。

一个多小时过去了。

直到你听到手机里的嘟嘟声，还有别的电话，才终于摆脱喋喋不休的梁。

新电话是领导打来的，他给你布置新任务，但与工作无关："我晚上出席一个婚礼，帮我起草一个证婚人致辞。"

你完全可以说，不在家，但想想，觉得不好意思，你点头称是，"没问题"，转身打开电脑。

拆了一半的新碟被你放下。

等你终于拼凑完致辞，你的一个师弟上线。你躲他不及，他已开始发笑脸问候，他说："师姐，帮我看看稿子吧。"

他几乎一看到你，就要给你发新作，然后提要求，"帮我改改"，"帮我推荐个地方发表。"

你曾试图封掉他，又唯恐被共同认识的人揭穿，"那多不好意思"，于是你留着他在各种网络聊天工具上，如同留着一个时间恶瘤——这样的恶瘤，他不是唯一一个。

天快黑，你的新碟还没拆开。

因为告别师弟，你突然想起，昨天答应一个同事代买某个品牌的化妆品，你家门口就有间打折店。你冲出门，同事眼里你只要来回花半小时的时间，但你在店里挑选，磨赠品，你买的时候有，现在没了，同事会怎么想？你和营业员说来说去，磨来磨去，你抱着一纸袋化妆品出门时，松了一口气，但你的一天已快过去。

[问题是你不开心]

你接收朋友梁的负面情绪时，对你的心理愉悦毫无建设，你偶一为之，出于友情，但她一而再，再而三，你早该明白你的倾听不能解决她的习惯性哀怨，只会预约她下次的倾诉。她把你当垃圾桶，而你眼睁睁看着时间扔在废纸篓里。

你难以开口说拒绝，因为你怕领导不高兴，怕师弟认为你不热情，同事说你不尽心。但尽心、热情？前提是帮别人忙，你高兴，忙帮得有意义。现在的情况是，你帮的忙十分之九别人找谁都一样，只有十分之一，非你不行。这十分之一值得你两肋插刀，可十分之九呢？只因为你好说话，对方才会找到你，下一次，他们还会找你。

你忙忙碌碌一天了，一张碟还没拆开呢。

[不忍心的人对自己最狠心]

如果你早上拆开那张碟，在音乐中享受平静，你再翻开书，把你今天扔在废纸篓里的时间拿出三分之一来，起码能读一万字。

这些不重要，重要的是这样的一天合乎你最初对美好星期日的想象，比你真实所过的有趣。

上周，妈妈告诉你，她很忙。

你觉得奇怪，她退休在家，老年大学正在放暑假，房子不过两三间，家务有限。

但某亲戚的孩子也放了假，"想来我家住一段时间，总不能拒绝吧。"

前领导的孩子要结婚，点名要"阿姨画的画"，妈妈业余时间专攻工笔画，家里满墙都是她的作品，"这也不能拒绝吧。"

前同事家要装修，而妈妈有装修经验，"让我陪着一起去建材市场，这更不能拒绝吧。"

谁都难得张一次嘴，谁都不能拒绝，你知道妈妈想要的是休息，或者"和爸去郊区采摘"，但现在她忙得不可开交，天太热，她有点儿中暑，她宁愿委屈自己，让位于人情。

昨天小周临时爽约，没和你一起健身。她说，她的大学同学突然造访，要接待。

其实那同学和小周关系一般，但"人家来北京出差，主动约我，我拒绝，不合适"。

小周悻悻："要陪同学吃饭、购物还要玩，这几天就报销了。"你明白，小周更悻悻的是，她的健身计划耽搁了，"先让让位"。

所以，你想到自己。

让位。你今天让的是一张碟，明天还会让什么？

总有"就差你，快来"的聚会；总有某个同学的表哥找到你，请你改一篇论文；总有闺蜜柔声相求"陪我相亲"。

夜深人静剩你一个人揉着惺忪睡眼赶报告。

地铁上，你用耳机隔出相对宁静的空间，才有机会好好读一本书。

你最好的时间总被突然出现的人或事占据，你最想做的事往往成为一种牺牲，最后变成奢求，你每次都让位，其实你对自己最狠心。

你并没有意识到，别人在置换你对生活的安排，从一天到几天到更久，渐渐地，无数个别人组成团队……

你不禁打了个寒战。

[哪些是可以拒绝的十分之九]

我不想将时间功利化，但我想告诉你，你的时间放在哪里，事关你和人生目标的距离。

如果你的人生目标是做一个饱学之士，今天你被耽误的一万字阅读，就是你和你的目标本来能缩短的一步。

如果你的人生目标是事业有成，你在网上浏览业内新闻也比敷衍师弟的稿子有建设性。

哪怕你什么都不想干，只想做个快乐的人呢。你今天别扭着，后悔着，倾听朋友梁的烦恼，她吐露给谁都一样的烦恼，你赔上你的时间，也不能解决她的问题，还耽误了你浮生偷得的半日闲。

就算没有人生目标，起码你对理想生活有个朦胧的想象吧。

你的妈妈想去郊区采摘，其实明天就能办到，但一天一天不知道拖到什么时候才能实现，你如果劝说她明天就实现，她就提前进入理想生活，哪怕只一天呢，也好过总碰不到边缘。

你也同理。

你必须知道对你来说最重要的是什么。

你的时间值得做更有意义的事，你被耽搁，被置换得越多，你离你的目标、理想就越远。

那件最重要的事，才是你最该花时间的事，其次是此时此刻能给你带来最大快乐的事。

总有人情世故，总有一些人际关系需要维系，故交近友，亲戚同事，但这些只占你生活的一部分，你的时间确实要献给亲情、友情，但不是全部，你该有个时间、精力的分配，还有，你最重要的那件事不能让位。

你说，你的口碑很重要。

其实你的心里最清楚哪些是别人需要你，非你不行的十分之一，哪些是你可以拒绝的十分之九。你能把这十分之一做好，对人对己，都足够了。

你说，也许，下次别人会注意，类似情况不会出现？

你不能被动指望别人发善心不再打扰你的生活，你的生活你要掌握主动权。你美好的今天、昨天还有某某天已经被置换，不拒绝，就无法杜绝，难道你还等待着烦恼复制下去？

别说你不好意思，任何人提出要求时，都是试探性的，虽然有人的姿态势在必得。除非当个老好人就是你的目标，否则，那十分之九该为你的人生目标、理想生活让位——还有什么比它们更重要？

我们从来无法控制会发生什么事，唯一可控的是面对事件时我们自己的态度——谁都不能安排你的生活，除了你自己，除非你同意。

{ **去过没有一天
不好的生活** }

世界激励大师约翰·库提斯刚出生时，身体严重畸形，只有一只矿泉水瓶大。他生下来后，医生看着他罕见微小的样子，断定他不会活过当天。然而，令人意想不到的是，这个"矿泉水瓶"男孩儿却活了下来，并在父母的精心呵护和照料下一天天成长起来。如今的他，不仅让当年一再为他的生命设限的医生张口结舌，还成功地养活了自己，而且在精神方面已经变得无比强悍。更让世人称奇的是，这个至今"身高"还不到1米的演讲天才，他受到过南非前总统曼德拉的接见，并且与美国前总统克林顿同台演讲过。在他不平凡的成长历程中，他的业余生活十分丰富，他不但喜欢驾车、钓鱼、看球赛，还做过残疾人游泳、跳水、橄榄球、乒乓球教练……

因为残疾和病痛，1970年出生的约翰·库提斯这些年究竟吃了多少苦，受了多少罪，自己也说不清了。他只记得早在上小学时，曾因为身有残疾，被其他健康的孩子追得到处躲藏。有一次，一群孩子把他绑起来，用胶布封上嘴，把他扔进了垃圾桶里，然后点上火企图把他烧死。那时，垃圾燃烧生出的浓烟，发出的"噼里啪啦"的声音，把他吓得几近窒息，为了活命，他在垃圾桶里拼命扭动，直到把身边的火苗扑灭，就在他奄奄一息时，才被人发现救了出来。在他17岁那年，由于下肢疾病的恶化，他不得不从腿部截肢，剩下的"身高"不足1米，从此，他成了名副其实的仅有"上半身"的矮人。然而，更让约翰·库提斯难以想到的是，悲惨的命运总是拿他开玩笑，病魔和痛苦不去光顾别人，竟然总是在他这样的高度伤残者身上挥之不去，在他29岁那年，仅剩"半个身子"的他又患上了癌症。

为了自强自立，更为了用他的拼搏精神和不甘向命运低头的意志去激励别人，约翰·库提斯在同命运和自身残疾挑战的同时，喜欢上用自己"半个身子"现身说法的演讲事业，在8年多的激情演讲中，他"走"过190个国家和地区，成为闻名世界的传奇式人物，并被誉为世界激励大师。而他在"走"向各个国家和地区的演讲征程中，他经常会用一只胳膊支撑着"全身"，腾出另一只手推动滑轮，驱动不到1米高的躯体在地面上快速前行，头始终高昂着，神情中甚至有几分骄傲。有人对他如此"卖力"和不珍惜自己的身体有些不解时，他总是充满自信地说："我这样做的唯一原因就是为了激励别人，证明自己没有不可能！"

为了激励别人，约翰·库提斯在8年的演讲中曾不止一次地讲述过他早年申请驾照时的一段"趣闻"。当时他坐在椅子上，接待他的小姐坐在柜台里，只能看见他的上半身，便问他有没有残疾。"怎么跟你形容呢？"约翰·库提斯煞有介事地说，然后猛地双手撑住柜台跳了起来："这算不算残疾？"当时吓得小姐几乎晕过去了。他在对人介绍自己时说："你们看到的我没有双腿，但我却能做很多的事情，而有的人四肢健全，却什么也做不成，整天抱怨，为什么我不能这样，不能那样。"在到一些地方演讲时，他不止一次地对听众说："现在我来到这里，就是想用自己的成长经历来激励别人——无论你现在的状况有多差，要永远想念明天可以更美好！我现在每天都很忙，在世界各国演讲，我是在激励别人也是在激励自己，别对自己说'不可能'，这是我这样一个高度残疾人永恒的信念，但愿通过我的演讲激励，它也会成为许多身体健全者的信念。"

约翰·库提斯被冠以世界激励大师这一称谓，他以不足1米高的残躯周游世界进行励志演讲的行为堪称举世无双。更为可敬的是，他除了拥有永远激情的语言，激励别人的还有他一贯的行动。面对世界各国的观众，约翰·库提斯总给人一种"激情洋溢"的印象，他好像拥有永不枯竭的斗志，众多听过他演讲的人，常常会这样评价他。近年来因为演讲，约翰·库提斯到过中国若干座城市，让很多中国人见证了他的"传奇"。7年前，他第一次来到中国，一句汉语也不会说，中国助理成为他的第一位汉语老师，经过不停地学习，现在约翰·库提斯已经可以准确地说一些汉语了。

前不久，约翰·库提斯再一次来到中国，他在山东济南进行演讲时对记者说："在中国，我经常听见朋友们说'我今天过得很不开心'。但什么是不好的一天呢？对我而言很少。就像自己的命运，不管你觉得多么不幸，这个世界上总会有人比你更加不幸。我当然也会有伤心和沮丧的时候，因为我是正常的人，但这只是人生的起起伏伏，人生的起伏有高低，才会继续下去。"

是的，人生有起伏有高低，自己的路才会继续走下去，人生没有什么不可能！无论是坎坷，还是平坦，只要自己像约翰·库提斯那样高昂着头坚持走，就会摘取到成功的果实，品尝到美好生活的滋味。我想，像约翰·库提斯这样高度残疾的人，之所以能够在挑战命运中取得成功，是因为他不仅仅是一个不对自己说不可能的强者，而且在他的心灵中，他还会像花朵一样温柔，像火一样热烈，又像水一样博大，唯有拥有这些，才能成为人生竞技场上的胜利者。

{ 人生的哪个阶段，都要有不怕犯错的勇气 }

远房亲戚带着她的女儿来做客，女儿上大学了，一脸胶原蛋白，甜蜜蜜地叫我姐姐。她妈说：哎，赶紧让姐姐给你上上课，规划规划你将来的职业。

小妞跟我说，现在大三了，专业课很难，她都担心自己过不去。妈妈想让她留在家乡，她却想留在大学所在的大城市，自己拼一拼。

我扭头看了一眼她妈妈期待的眼神。然后语重心长地和小妞说了几个点。

去他妈的星际大西瓜专业课。及格就行，你未来工作百分之八十不对口。挂科重修也是人生必修课。多玩，玩野一点，要做董小姐那样的野马。就留大城市，反正小城市等着给你养老送终呢，啥时候回去都不迟。

我已经瞥见她妈的脸，由于惊吓过度而花容失色。

于是我体恤了一下长辈：你要把宝贵的青春，多用来谈恋爱。我跟你保证，你毕业了你妈就会问你要个男朋友。你这是孝顺。

青春不挥霍，不突破，不野蛮生长，不把人生玩个够本，等到姜文口中"卖笑的中年"，看着一地狼藉，工作一筹莫展，熊孩子撒泼打滚，你只能坐在地上嚎啕大哭。

你觉得人生怎么那么无趣又那么难呢？

我不仅误人子弟，我连自己子弟都"误"。他们对火好奇，我就会握住他们的小手，感受火的灼热。

等儿子长到十几岁，我就会让他爸跟他喝酒，让他知道自己的酒量底线。

不给自己的人生设限

等女儿长到十几岁，就赠她套套，让她认真尽情地早恋，让她早日懂得和男人相处，懂得女人的生活不止爱情。

我就是想你多看世界，看到好的，也四处碰壁。挖掘极限，也知道界限。受到情伤，也懂得套路。你宝贵的青春，就是用来给你走错一段路，然后胸有成竹走向你想要的人生。

也许是因为独生一代，这个世界对年轻人总是抱有如履薄冰的担忧。年轻人自己也集体无意识的被"安分守己"绑架——读好书，找稳定工作，安居乐业。

这仿佛就是还在母亲肚子里就进行的人设。

在这循规蹈矩的每一步中，都害怕出错，害怕挫败。然后年轻人战战兢兢熬成了稳定的中年人，捶胸顿足：这不是我想要的人生！

就像我前两天收到的粉丝留言：我毕业后父母想送我出国读书，可是我专业成绩平平，我觉得我出去也不会有大的成就。

拜托，我最大的遗憾，就是没有出国读个书，镀个国际高度的金回来。我想出去读书的原因，并不是我想得诺贝尔文学奖，成为德艺双馨的大文豪。

我就想看看不同的世界，汲取不同的文化，接触不同肤色的人种，或许还能泡到一枚国际友人。

我打开了未知世界的大门，我就可能拥有完全不同的人生，这样的不确定性让我血脉贲张，亟不可待。在你可以尽情丰富人生的年龄，你和我谈什么成就？

女人的价值不是好成绩，好工作，好老公。脱离了这三个准线之外，你获得更有趣的人生经验，历练到更多的处事技巧，得到更多的精神供养，这才是你生而为人的责任和义务。你首先是人，然后才是女人。

就算国外失利而归，那又怎样呢？你总算确认了自己不适合国外的教育和生活，经此一役，不再纠结和疑惑，你能踏踏实实生活在天朝的沐浴下，享受美食和某宝。这份纠错，就是你此行的最大收获。

生活如此，爱情也如此。我们生活在开明盛世，不需要从一而终，不需要父纲夫纲，我们有权通过筛选错的人，遇到对的人。也在试错纠错的过程中，找到爱情正确的相处方式。

作为女性之友，我常常收到一些情感咨询。我总会好言好语给一些间接经验。

有个小女友，始终沉浸在渣男的套路中，不能自拔，明知对方是个坑，也经不住花言巧语，闭着眼睛往里跳。

她姐姐把她带到我家，让我好好劝她。我跟她摆事实讲道理两小时，最后我发现，所有能摆上台面的漏洞百出，其实她心知肚明，她就是像被下了毒蛊，死不悔改。

我回头跟她姐姐说，你们不要再劝了，也不用关禁闭。越是阻拦，越是叛逆。你不如放手让她去折腾。

有些错误，只有摔到头破血流，才愿意承认。也只有摔得越痛，领悟越深。往后相似的火坑，她才能目不斜视地走过去。

小女友又撑了一年，最后在所有人的虚惊一场中结束恋爱。最终她嫁的人，和当初那个桀骜不驯的渣男，南辕北辙。她和我说，姐，现在想当初，觉得自己好傻。

傻有什么错，我们都是在经历了人渣，在无边无际的犯傻中，得到了爱情的奥义。当这份错，对你将来的对产生了迷途知返的作用，错的部分也隶属于对。

我上学的时候，就是个野路子。逃课挂科翻墙，学习总是紧巴巴。我也参加学生会，唱歌跳舞画画。轮番换男友，每次都是死去活来。

所以朋友们对我日后掐着27岁的点嫁做人妇，相夫教子感到集体迷茫：像她那样风一般的女子，本不应该轻易就范的。

最起码应该是《欲望都市》里凯莉，写着专栏，游戏人间，不接受艾登的捆绑，自在美到四十几岁，再和一个也分外多情的大先生，做一对不求结果的神仙眷侣。

所以他们言语间，有一分惋惜，也有一分鄙夷。

惋惜的是：好可惜，本来我想你能帮我过那些我不敢的离经叛道的生活。

鄙夷的是：管你什么上蹿下跳，女人最终不还是结婚生子，悲哀。

我离经叛道吗？我不执念成绩，不循规蹈矩，不等天下掉下来一个适婚对象，就是离经叛道？我只是在尝试底线，找到自我，才能知道有所为有所不为，有所得而有所舍。

我悲哀吗？我结婚生子，是因为选到了对的人，他比那些人间游戏更好玩，我愿意给他生一打猴子。我和你殊途同归走向了婚姻，可我知道这就是最适合我的婚姻。

并且，在你们眼里，婚姻就能判定女人的一生吗？结婚，只是人生中可勾选的一项选择。它不能把控我的生活方向。

我结了婚，享受人间烟火同时，也在继续求错改错，寻找自己生活的方向——职业规划、生活梦想、人生意义，都不是随着婚姻尘埃落定的终极追寻。

人生的哪个阶段，都要有不怕犯错的勇气，那是你品尝人生的一部分。更何况，当你越早犯错，你就能越早开始你爱谁谁的快意人生。

尽情恋爱，不怕分手，不是所有感情都需要结婚收场。

尽情交友，良莠不齐，反正到了中年，岁月会给你沉淀最重要的那几个。

尽情玩乐，天空海阔，你才会明白，你的天空在哪个方向。

尽情犯错，无论错的是你还是对方，错误会给予你选择正确的权利。

高晓松说过一段著名的鸡汤：年轻的时候，什么事都想弄明白，这个时代，这个社会，爱的人。有一些事不明白就是生活的慌张，等后来老了才发现，那慌张就是青春，你不慌张了，青春就没了。

{ 勇于走出安全区，人生更加精彩 }

[1]

"城市里有很多书店是件美好的事情。"

博尔赫斯说过他心目中的天堂就是图书馆的模样，而书店，也有天堂一样的美好。

就如《岛上书店》里说的："一个地方如果没有一家书店，就算不上个地方了。"

或许每个人都曾有过开家书店的梦想，慵懒地起身开张，浇浇花草、整理书架，然后捧起一本书，等待第一个进店的客人……

但又有很少人真正实现了这个梦想，因为在这样一个时代，去开一家实体书店，简直就是行为艺术。

罗兰就是极少数实现了书店梦想中的其中一个，在采访过程中，她慢慢帮我还原了一个书店老板的真实生活。

罗兰：UI设计师、溪木素年书店掌门人

罗兰，86年成都女孩，大学学的英语专业，凭借着上学期间自学的一点动画技能，毕业后来到深圳，如愿以偿地当上了一名UI设计师。

与绝大多数初到深圳的人一样，开始了略显拥挤的合租生活，按部就班的上班、下班、加班。

就这样过了几年，直到2014年年末，她越发意识到自己正在厌倦这千篇一律的生活，找不到画图的乐趣，被栓在公司的小圈子里，就像只坐井观天的青蛙。

[2]

罗兰问过她的上司，如果不做设计，她能做什么？上司跟她说那就做回你自己。

"我现在会觉得当你的才华还不足以去支撑梦想，你的梦想又不能养活你的时候，还是需要一份工作。"罗兰说当时觉得做回自己这句话很虚，经历一些事情后，才慢慢有了体会。在工作的同时也可以去做自己喜欢的事情，有另外一个空间可以允许自己活得随性点。

于是她有了开书店的想法，过完春节回到深圳，就开始着手找场地，匆匆看了几家后，决定把书店开在蛇口的一座山脚下。

"当时我就想着我的工资是多少，至少能支付起铺租。"她说。

之后的生活就是每天下班后淘宝各种材料和家具，找工人安装，耗时3月后，书店门口的30平米简单布置好，便在5月开始正式营业。

[3]

"每个人的生命中，都有最艰难的那一年，将人生变得美好而辽阔。"

正式营业后所有问题开始漫漫浮现，墙面受潮、屋顶漏雨、环境抢修，不时还会出现各种奇怪的昆虫……而真正让她崩溃的是，由于位置偏僻，书店根本没有人流！

第一位进店的客人在问清楚附近酒店的方向后便匆匆离去，甚至目光都没有过多停留。

好像就真的应了朋友那句话，除了迷路的人，实在想不出什么人会来你的书店。

就像个被遗忘的孤岛，与世隔绝了。

"我当时特别迷茫，完全不知道该怎么办。"讲到这里，罗兰脸上虽然仍旧保持着笑容，但明显语气稍微沉了下来。

整整5个月，书店没有卖出去一本书，一直在亏损。罗兰想着总不能坐着等死吧，就开始找各种办法。周末的时候跑去海上世界摆摊卖点书和明信片，坚持了几个星期后因为被城管赶而被迫停止。

朋友们也纷纷出谋划策，出了许多奇怪的点子。比如什么失恋者咨询场所、女生专属空间、黑暗料理等等，但最终她都没有采用。

"我会在心里权衡，我到底要什么，就必须去舍弃什么。"确实，如果单纯的是以赚钱为目的，做什么都比开家书店容易得多。

书店开始出现转机是在10月份的时候，罗兰在豆瓣上发了一日店长的活动，出乎意料地受到了很多人的关注。许多热心书友都向她提供了帮助，捐赠了投影仪、送来了冰箱、帮忙看店、研发饮料、合力把仓库改造成了手作间……

所以现在溪木素年现在的模样，完全是顺其自然的结果。

很多时候就是这样，当你排除万难开始一件事情的时候，最难的时刻已经过去，仿佛全世界都会来帮你。

[4]

"任何一个空间，都是人心里的投射。逛书店，通过书架和摆设，来看店主和店员的心。"

见面当天天气很闷热，跟celia在书店附近喝完咖啡差不多到了约定时间，就用手机导了航慢慢走了过去。

书店离海上世界其实就10多分钟的路程，只不过因为位置不明显，加上店外面的装潢太过简单，如果不是刻意地去找，实在很难想象那里藏了一家书店。

进门后是两排书架，右边书桌上有人在看书，拿相机粗略拍了下环境后，罗兰刚好就到了，热情地跟我们打招呼。

眼前的这个女孩子，黑色的齐刘海直长发，穿着灰白相间的格子连衣裙和小布鞋。一个多小时的谈话全程嘻嘻哈哈地保持着笑容，就连最后我给她拍照时，我说你看看好不好看，不好看我再拍，她也笑嘻嘻地回我，"又不是靠脸吃饭，怎么拍都行。"

罗兰说开书店的初衷就是想丰富自己的经历，她希望溪木素年是一个公共空间，这里没有老板娘，大家都是这里的主人。

而后通过互联网渠道引流，她开始组织形形色色的活动，溪木影院、草迷市集、做手工皮具、重阳夜登南山、五十国先生旅行分享等等，就真的认识到了许多精彩好玩的人，世界一下子被打开了。

就像我的一个朋友常跟我说的，总有人内心温柔的装着世界，在自己的位置上做出改变。

[5]

这个外表温暖女孩喜欢摇滚、喜欢民谣、喜欢国外的一些手艺人的生活，她说起后海大鲨鱼的时候眼里冒着光，这支由女孩主唱的年轻乐队，他们身上那种随性张扬的青春和勇敢做自己的坚持都给了罗兰很大的力量。

　　我们总会被一些人、一些事潜移默化的影响着，内心悄悄有了热血和悸动，如果抱着我也试试看的想法时就去做了，也许也就迷迷糊糊、跌跌撞撞地开始了。

　　我觉得人生就是一个不断探寻自我的过程，形成、质疑、推翻、重塑，那些勇于走出安全区，直面挑战的人，就成了绝大多数人眼中令人羡慕的精彩人生。

{ 突破自我设限的瓶颈，书写不一样的人生 }

在一次朋友聚会上，认识一女朋友，我们两个人聊到厨艺，她告诉我自己很喜欢吃鲈鱼，但是她不会做。我告诉她，做鲈鱼一点都不难，最简单的做法就是清蒸了。我分享了自己清蒸鲈鱼的做法。她听了一半忽然说：我是西北人，从小吃鱼少，也不会做。我笑着说：那可以学呀！她回应到：我学不会，而且我是西北人嘛，天生缺少做鱼的细胞。

在后来的聊天中，我发现这个女生有很多类似"我是西北人，我学不会做鱼"的信念。她和你抱怨男朋友不带她出门旅行，你说很多女生会独自旅行，她就来一句"一个女孩，不应该自己去旅行，多危险啊"。她说羡慕单位某个女同事除了上班，还自己开了一个小公司，收入颇丰，你还没来得及回应，她已经自己总结道："一个女人这么折腾干嘛，赚钱的事情，男人做就好了。"

这时，我忽然明白，这位女性有很多的"作为一个女人，'应该'如何如何"的观念。在认知上，她有诸多的"应该"倾向，也会给自己贴上许多标签，这是一种自我设限的表现，阻碍了她去尝试和学习许多新鲜的事物，也让她的人生减少了很多体验的乐趣，当然，她本人并没有意识到也不认同这一点。

在生活中，我看到有太多这样的女性在自我设限。有的女生上学时说我是女生，数理化学不好。有的女生大学毕业找工作时说，我表达能力差，做不了销售。等到谈恋爱时，她们又说，作为一个女生，我要矜持，不能主动约男生。后来结婚生子，她们又会说，我体力不如从前了，我再也没有自由了……

如果要把女性分为两类，我会划分为：一类是自我设限的，一类则是打破自我设限的。我身边有许多优秀的女性，她们往往属于后者。有个女老师原来的工作是女子监狱的狱警，五十多岁才开始学习心理学，成为心理咨询师，给犯人做心理咨询。后来又学习了催眠，成了有名的催眠师。她用自己的成长以及专业的知识改善了与丈夫和儿子的关系。在她六十多岁时，同龄人早都退休了，她还能靠讲课、培训、做心理咨询挣不少的钱，更重要的是她拥有一个幸福的家庭和充实又有意义的老年生活。

有一位做社会工作的前辈，她大学学的是历史专业，后来研究生时她换了社会学专业，在五十岁时她又去香港的大学学习女性主义。与她交谈，你会发现她丰富的学识以及不同的学科背景带给她多元又独特的视角，她总有很多有趣的想法和观点，令人惊叹，引人深思。

还有一位一直在高校任职的女老师，在自己60岁时开始创业，开了一家咨询公司，我们无数的后辈们对其佩服不已。

我还想到日本出生的仓永美沙。她从小练习芭蕾舞，由于身材比较娇小，一直不被重视，但她却从未放弃，更加努力地练习，敢于突破一般芭蕾舞者常规的既定限制，直到终于达成自己的梦想，成为首位登上波士顿芭蕾舞团领舞席的亚洲舞者。

这些女性敢于抛弃自我预设，突破有形无形，外在内在的束缚和限制，大胆向前去追求自己想要的生活。她们让我看到女人其实可以通过自己的努力，改变自己的人生；让我相信女人的命运应该掌握在自己手中，而非由先天DNA注定；女人可以不受他人眼光的限制，坚持与勇敢地追求理想，就能改写自身的命运。她们是我学习的榜样，无形中激励着我，让我去迎接更多的挑战，定义更好的自己。

回顾我自己近30年的成长历程，其实是个持续不断突破许多外界给我的限制和规则，并与我自己的"自我设限"做斗争的过程（这个过程现在还在继续着）。上高中时，我们有了化学课，有不少人对我说，女孩学不好化学。可我发现我对化学很感兴趣，而且我心中有一个疑问：如果女孩学不好化学，为什么我们的化学老师是女的呢？这激励我努力学习化学，化学成绩也一直名列班级前茅。文理分科时，我选择读文科，化学和地理老师还来劝我慎重考虑，希望我改变选择。

我大专学的是会展策划和管理，自考本科时我想选择广告学，可很多人对我说，你可以选择工商管理这个专业，因为专业差异不会那么大，通过考试和找工作都比较容易。但是我没有，还是学了广告专业。因为对广告感兴趣，我学得努力又快乐，大专毕业之际，不仅拿到了大专的文凭，还拿到了广告学的学士学位。这再一次让我看到，别人怎么说不重要，重要的是自己想要什么，以及为了这个想要的付出努力。也许因为从小就喜欢写作，再加上在广告公司做策划文案的积累，我开始在豆瓣写日记，后来出书，成为自由撰稿人，然后又去学习心理咨询……我现在做着自己喜欢的事，过着自己想要的生活。

前段时间，我看了心理学家卡罗·德威克做的TED演讲，讲一种成长型思维——"还没"的力量。我们能发展我们大脑学习和解决问题的能力。如果你现在做得不好，失败了，不是你不够聪明无法解决问题，只是你"还没"想到解决的办法。演讲中展现了大量实验结果，许多成绩不好的孩子通过学习成长型思维不仅获得了巨大的进步，还收获了满满的信心与意志力。

我喜欢这样的思维方式。不是我们不能成功，只是我们还不够努力。当我们懂得欣赏自己的努力和坚持时，我们能够培养出自己更强大的意志力和生命力，便更容易取得成功。

必须承认作为一个人，我们都有人之为人的无助、脆弱与局限，但是自我设限就像给自己挖了一个很大的陷阱，你还没有努力往前走，就已经掉进坑里了。很多女性总是在想："我一个人，不能过得快乐"；"我这么大年纪了，没办法再读个学位了"；"我性格内向，就是处不好人际关系"；"我是个女的，赚不到同男人一样多的钱"；"我离过婚，没有男人会再爱上我了"……这样的自我设限当然会带给你好处，可以防止你因自身能力不足带来的挫败感，可以暂时让你感觉良好，维护一部分自我价值感，但更多的是对你造成伤害。它会让你找借口变得懒惰，放弃努力，放弃坚持，每天都在扼杀自己的潜力和欲望，让你失去你原本可以拥有的成功机会，让你还没有好好活过，却像已经步入坟墓的人一样丧失希望与活力。

女性成长的过程是不断被教育，被规划，不断接受外界赋予标准的过程，家长老师、时尚杂志、传媒资讯、社会习俗等会给你列出各种女人应该怎么怎么，如何如何的标准。除此之外，很多女性也会自我设限。语言和思维的自我设限和暗示，会让一个人的世界越来越狭窄。

如果你是一名女性，希望你能学会独立思考，敢于去挑战那些标准和条条框框，去认清什么才是自己真正想要什么，能够为自己的命运做主，改写自己的命运。同时，懂得突破自我设限的瓶颈，对自己的生命说yes，生命才会回报你更多的可能与精彩。

{ 每一个努力奋斗的人 都值得被尊敬 }

小小时候，我是那种被认为是"废柴"的小孩子。

在三岁的时候，我只会讲一种南方的方言。家人送我去香港上幼稚园，却忘记要提前教我讲粤语和英语；我到了学校以后简直是吓蒙了，根本听不懂同学和老师到底在说什么，所以，根本没法回应老师的指令，整个人显得傻乎乎的。由于年纪大小，我根本就没有外语的概念，还以为自己出了问题，不敢跟大人讲自己听不懂粤语和英语。当时，老师们委婉地建议我的父母带我去医院做智力和语言能力方面的鉴定。医生们对我的情况感到很困惑；有一位医生确诊我有智力方面的障碍，建议我的父母送我去念特殊学校。

家里的亲戚们对我妈妈的遭遇很同情，经常跑到我们家里来劝说"干脆把这个孩子扔回乡下算了""还年轻，以后再生个健康的"。他们以为我脑子有问题听不懂，每次都毫不避讳地当着我的面直接说，有个伯伯干脆称我为"废柴"。虽然在4岁那年终于跨过了语言难关，但是，我的日子仍然没有变得顺利起来。

小学的时候，我回到爸妈身边，在某一线城市的外国语小学里念书。老师们喜欢那种很乖巧，可爱，嘴巴甜，擅长跳舞唱歌，落落大方的女孩子；我相反，长得壮硕矮胖，胆子小，业余时间喜爱在草坪上打滚和看课外书。音乐老师是一个年轻的女生，特别的讨厌我。她毕业于某师范大学的钢琴专业，毕业的时候刚弹到车尔尼740和肖邦练习曲；四年级的时候，我也刚好弹到了肖

不给自己的人生设限

邦练习曲的这个进步。从理论的角度上讲，我们的演奏水平应该是差不了太多的。可是，她却格外喜爱当众嘲讽我缺乏音乐天赋，说像我这样的人注定是要一事无成的。

有一次，我夸她的鞋子漂亮，结果，她大发雷霆，不仅跑去跟我爸妈说我不尊重老师，还去跟其他老师说我是一个心肠很坏的人，经常喜爱编造别人坏话。我拼命地跟所有人说我是被冤枉的，他们都不相信。同桌曾经很恶毒地对我说，"你成绩那么好还被老师讨厌，那说明你是一个真正的讨厌鬼。"

我到底做错了什么呢？还是说，我真的是一个毫无用途的人呢？在很长的一段时间里，我都被这个深深地困扰着。我想要去对抗现实，我不要去相信自己是没用的人。事实上，我也只能这样去思考问题，否则，只能转身步入自暴自弃的道路。我很害怕走向那样的道路，因为那样，不仅人生很虚无，也自我验证了"我是个废柴"的事实。

小学五年级的时候，我就对自己说，世界上某个地方一定聚集了许多像我这样的人——不被大人喜欢，但是却在某些领域有自己擅长的事情；只要我愿意努力地生活下去，就一定能找到自己的同类。所以，每次碰到自己想做又相对有天赋的事情，我都很认真地坚持做下去。有时候，我会觉得人有点点"卑微感""自卑感"不完全是一件坏事，因为常常担心自己是废柴无法让身边的人幸福，所以才更加有那种要拼命的欲望；因为常常知道自己"不知道"，才会谨慎审视自己所做的事情。包括写第二本书，虽然已经要出过一本书，我仍然写的很小心翼翼，担心会把事情搞糟。

我把生命里的事情分成了两类，并且认为，如果不想变成废柴，就必须对这两类事情进行血刺。第一类是"难而无用"的事情，比如说我所学的专业，艺术，哲学，古典语言这一类的东西的。它带来的物质收益是很未知的，远不如学写代码，会计，来的更实际；但是，它能完善我们的灵魂，让我们有机会去读更多的作品，从而变得更幸福饱满。

第二类的事情是"学了就能有收益"的事情，比如说各种小语种，会计，写代码，学好以后能靠它们找到一份体面可靠的工作。甚至说，擅长忽悠客户，写PPT，也是很实用的技能。如果不想变成无用之人，那么，第一类事情或第二类事情，总得擅长一件。

我也会有想放弃的时候，然而，"要努力生活下去"的信念总能把我拽回来，使我能够继续前行。我很感谢这个信念，它使我度过艰难，做出事业上的小小成就，遇见许多善良且有才能的朋友。对于曾经伤害过我的人，我觉得他们只是不太能理解除了自己以外的事物，所以只能用嘲笑去对待"跟自己不一样的东西"。他们的存在对我而言，好像就是外面的车水马龙的噪音，有点烦，有点不可避免，但也就这样了吧。

在我看来，人们经常过度夸大努力做事情的难度，而忽略"不努力的生活方式"的代价。每天躺在家里看电视剧，看淘宝，刷网络小说和美剧，那么，就得忍受着自己的身材日益发胖，为虚无的人生状态而痛苦，也是一种很可怕的人生状态。努力或许不能让我们成为加缪，勋伯格，基辛或齐默尔曼。但是，不努力所带来的的后果，也并非人人都能承担的。

在小孩子的世界里，长得丑不够乖巧的那些会被大人讨厌和欺负；而在大人的世界里，如果你不够有钱长得不够美，就会很容易被异性所轻视。做错事情的不是那些被欺负的人，而是那些欺负人的家伙——挤兑比自己差的人，然后在现实和社交媒体中跪舔比自己好的人。人的价值根本不是由这些坏人所决定的。人的价值，是源自于在日常生活、工作中创造了什么有意义的事情，是源自于能否让自己所在意的人感到幸福。所以，在我看来，任何一个努力为他人创造价值，努力为美好事物所奋斗的人，身上都散发着一种可贵且迷人的光芒。

{ **所有美好的远方**
都值得你为之奋勇向前 }

[1]

读大二的时候，我生平第一次北上，去郑州游玩。

在郑州闲逛了一天后，朋友D提议去爬嵩山。

一开始我是拒绝的，所有旅游项目中最不讨我喜欢的便是爬山，因为我不是常运动的主。但是后来一想，都到河南地界了，如若不去中岳嵩山看看，也觉着是枉来了一般，便改口答应。

D嘱咐我，翌日六点起来，七点就出发。

我有些纳闷，为什么要那么早。毕竟从郑州到嵩山脚下差不多九十公里，乘巴士，走高速的话，无论如何也能在两个小时之内到达，没有必要非得摧毁清晨与被子缠绵的美好时光。

D狡黠一笑，"谁跟你说乘巴士过去啊？我已经为你借了一辆单车，赶明儿我们俩还有我几个同学一起骑过去。"

我顿时傻眼，犹记得近二十年来，我骑过最长的一次自行车，也不过是在初二的时候从家里骑到县城，十多公里，骑了一个小时，如此想想，近九十公里的路程那不得整天都在路上啊。

我立马说，我肯定骑不到。

"我们又不是比赛，不需要骑得很快，一天的时间应该也差不多了。"

"你给我两天时间也没用，我会死在路上。"

"你又没试过，怎么知道自己一定不行？好了，不争了，你要是死在了路上，我替你收尸。明天七点见啊，一群朋友等着你呢。"

我发誓，那是我一辈子骑过的最长的一次单车。早上七点从郑州市区出发，直到傍晚五点才到嵩山脚下，在此期间，只是在中饭之时稍稍歇了一下脚。

薄暮逼近，我将单车停在金色的夕阳里，面对着那绵延的群山，说实在的，当时的我并没有征服了这近九十公里的荣耀，我只是累，非常累，但我也很欣慰，我并没有用去两天时间，也没有死在路上。我花了一天的时间，来证明了自己并没开始自我想象的那么弱小，那么不行。

现在回想起来，疲累已经不是记忆的主旋律，路上所经历的一切才是。我们大部分的时间穿梭在郊区和农村，没有我以为的处处长坡陡岭，相反，地势还较为平坦。我们穿过葱郁的小树林，越过水位不超过二十公分的小溪，在村道边看肆意盛开的野花，说不上很美，但是丛丛簇簇，也别有一番味道。经过一个村子时，被两条中华田园犬执拗地追赶也是记忆中不可磨灭的一部分。

让我记忆最深的是一段长长的省道（路名就不说了），非为景色太美，实在是那条路上运煤的货车太多，车子飞驰而过，迎面而来的就是一阵"黑雾"，遮天盖地。可以想见，我们一行七人骑出那段公路后，个个都是包大人上身的样子。

有些事，没有试过，我们就不要给自己平白无故的画一条停止线，故步自封。行还是不行，不在于事前我们说得多么绝对，而是当你的双足踏在前进的路上时，你才能从中去感受去体会。

一路上不见得都是美好的风景，或许也有遮天盖日的"煤粉"飞扬在路上，但是，经历过，你就多了一种体验，不管是好的景致还是坏的景致，都会不偏不倚地谱成你多姿多彩的人生。

[2]

不怕上路之后，由于艰难险阻而到不了终点，只怕还没努力鼓起风帆，搏击海浪，就早早撤下桅杆，极目远眺遥远的彼岸，然后兀自摇头嗟叹。

朋友N是个身材比较丰满的女生，经常在朋友圈里发图抱怨自己太胖。可抱怨归抱怨，却不是个行动派，一年多下来，未见到她瘦下来过，反而有越长越胖的趋势。

有一次，跟她一起吃自助餐，她的食量"令人发指"。

我问她，"你不是要减肥吗？"

她摇了摇头，说，"试过了，那些减肥方法都不靠谱，看来我这辈子是没有瘦下来的命了。"

"你真的有很努力地减过肥？"

她想了想，放掉手中的鸡腿问，"什么叫努力？"

是啊，什么叫努力呢？我想应该是，明明知道前面有千难万险，你也毫不回头地冲向前，即便荆棘会划伤你的皮肤，瘴气会侵蚀你的意志，你也不会旋踵而归，而是一步一步，爬也要爬到终点。

显然，N还远达不到这个境界。

后来通过她的闺蜜才知，她确实有尝试过减肥，只是每次都是浅尝辄止，稍有一点苦累，便偃旗息鼓。如果她每天拿出刷朋友圈十分之一的时间用来努力减肥，我想，现在的N也断然不会认命了吧。

我并不想说只要努力就一定能成功，人的意志也不能全部决定人一生的际遇。但是人的潜力真的是超出你的想象，如果不去尝试，狠狠地逼自己一把，你真的很难知道自己有多大能耐。

我记得以前帮朋友写过一篇演讲稿，可他只给了我不到三个小时的时间来完成。我本不是一个写文章很快速的人，加之主题以前也没怎么涉猎过，需要查找各种资料，耗费很多时间，所以压力很大。

但是一想到先前已经答应了朋友，他还在等着我的稿子来熬夜练习，就只得硬着头皮上。写的过程很痛苦，但是完稿之后，我发现文稿的质量并不差，时间也不到三个小时。

要不是把自己逼到了那个份上，我从来就不知道自己也是能在重压之下完美地完成任务的。要不是最后还是决定努力一把，那么我就不可能知道我的人生中根本就没有那么多的不行。

工作中，时常碰到有人说，这个事情我搞不定。可是一旦任务被摊派下来，然后有上级加压，我们就会发现，那些我们以为不可能的事情到最后都在自己的努力之下变成了现实。

那时我们就会知道，并非我们没有这个能力，只是惰性让我们没有想过要拼了命地努力。

[3]

汪国真有一句诗，既然选择了远方，便只顾风雨兼程。

但现实生活中，很多情况是，虽然选择了远方，但我断定自己不行，所以从未出发，或者稍稍遇挫，便折戟沉沙。

努力过后，发现自己能力不足，无法顺利到达彼岸，那还情有可原。但是如果你从未尝试，就说自己不行，或者没有认真地为之拼搏，就断定这是自己的宿命，那绝对是天大的笑话。只要你的目标不是登陆太阳这种有些天方夜谭的事，那么所有美好的远方都值得你为之奋勇向前。

　　沿途不一定有漂亮的鲜花，也不一定平顺通达，但只有自己走过，才知道那些未知的世界有多精彩，也只有努力向前，才能知道自己要多久才能走到属于自己的海角天涯。

{打破稳定，不断挑战自我}

头几年，表弟小刚的公司业务扩张，领导有心让他多接触几个全新领域，但新项目生疏烦琐，需要从头学起，而且风险重重，效益也不稳定。小刚总觉得麻烦，不如原来干得顺手，婉言谢绝了领导的好意。我劝过他几次，但他总觉得眼前的稳定比什么都重要，没必要为了不一定成功的事情费时费力。

结果今年一开春，新业务逆势上涨，迎来了急速扩张期。小刚所属的传统部门萎缩衰退，工资平均下调了40%。

我们办公室里一位同事叫青姐，今年33岁，女儿两岁半，每个月给老公主动打电话的时间只有信用卡还款日。平日里，宋仲基、霍建华、阮经天挨个追，热情程度不输萌妹子。有一次还装病请了半天假，集结了十几个华粉去机场接机，和霍建华合了一张影，激动得差点晕过去。回到单位医务室一查，高压都飙到137。

我们都打趣她追星也得看身体啊，这么大岁数了，还跟着小朋友东奔西跑，熬夜尖叫，第二天还得上班打卡、料理家务，体力透支老得更快啊。

青姐忽然就塌下眉毛，喃喃地说："可我就是想有个机会能好好疯狂地爱一场啊。我看到他们在电视剧里阳光帅气，宠起女朋友来人神共愤，我就心潮澎湃。我不是迷他们，我是迷爱啊。"

曦曦不明就里地问，那您老公呢？青姐叹了口气，说："我们是相亲认识的，他工作踏实，为人木讷，所有人都告诉我，和他结婚会很稳定。是啊，我们足够稳定，每天6点起床，11点睡觉，每三天一次大扫除，闭着眼睛也知道日子怎么过下去。可我俩真的没话说，我真的不快乐啊。稳定就像是一张符咒，镇住了我对爱情所有的憧憬，我也只能在一地鸡毛中追几个肥皂剧的男主角了。"

看着青姐欲言又止的样子，我和曦曦都默默地闭上了嘴。不知从什么时候开始，稳定成了衡量一件事或一段关系的重要砝码。只要够稳定，幸不幸福、喜不喜欢、值不值得都显得没那么重要。可稳定真的就该是我们追求的最佳状态吗？

不想冒险的小刚误以为抓住了稳定，而青姐又把爱情溺毙在一成不变的柴米油盐中，可这光怪陆离的世界哪有什么不变的东西？在波诡云谲中刻意去维持不变，就好比削足适履、因噎废食，一潭死水又怎能抵住突如其来的阵阵涟漪呢？

就像我们爬山一样，山脚下地势最低，也最稳定。一旦开始攀爬，就会有速度、节奏、体力、适应能力等各种差异，就会产生缓急快慢，而这个时候，如果伴侣不能理解和正视这种差异，很可能就会用维系家庭稳定的托词来"勒索"你。

在变化中，离开还是留下，割舍还是不弃，都会日夜煎熬着你。两方中只要有一个不愿改变，稳定立马就会逼你作茧自缚，画地为牢。而我们苦苦追求的是真的稳定吗？

从上班的第一天就知道退休的样子，不是真的稳定。从上班起第一天就努力奋斗，修炼到强大的内心、丰富的经验、独到的眼光和优质的行业人脉，才是真的稳定。

同样，一成不变、委曲求全的婚姻也不是真的稳定。敢于表达自己的想法、敢于追求梦想、在彼此成全和支持下实现双赢的婚姻，才是真的稳定。

我和老公是大学同学，考研时他去了清华，我落榜只好先去工作当老师。从同学到师生，从朝夕相处到天各一方，瞬间打破了最初的稳定。后来我因为工作突出，在第三年的时候被学校选送到北师大读研究生，他也毕业了，开始从事自己喜欢的工作。再后来，我码字，他摄影，我学口语，他练书法，他公派去了新加坡，我又出差去了美国。我们在不稳定中一路前行，始终在前方注视和呼唤着对方，在暂时的失衡中持续地输入外部能量，来抵抗任何可能出现的扰动。

孟子在几千年前就说过，生于忧患，死于安乐。安逸是事业和家庭最大的杀手。当我们已知所得为固定值的时候，趋利避害的心理会让大多数人选择减少付出，以求得利益的最大化。就像太稳定的工作会让人坐享其成不思进取，太稳定的婚姻会让人降低标准自我放弃。任何一段关系，如果觉得自己不需要任何努力就可以无限保持下去，那不是什么骄傲的事。

在攀爬婚姻和事业这两座高山时，越高越有风险，但越高也越有质量，越有价值。有些危机，有些底线，没什么不好。变化是机遇，动荡是挑战。只求稳定意味着把一切可能都关在了门外，于是梦想、自由、爱情、探索都成了稳定的祭品。

经不起波动的稳定不是真的稳定，生活需要波澜，感情也需要挑战。流水不腐户枢不蠹，活水带来的是两个人共同面对困难时携手作战，是两个人为了彼此不断地努力进取。我不希望余生的每一天，你我都紧巴巴地躺在婚姻的天平上严阵以待，草木皆兵。我希望的是我们敢于打破稳定，不断挑战自我。因为我需要的是在未来的每一天里，更好的我身边站着的是一个更好的你。

{ 放过自己很容易，
让生活放过你却很难 }

曾经有个作者来问我："编辑老师，我很想出书，可就是下不了笔，怎么办？"我说："为什么下不了笔？是不是因为没有构思好，你写目录大纲了吗？"

她发过来一个文件，跟我说："我早就拟好了大纲，谋划了很久，已经发给几个编辑和作者看了，他们都很有共鸣。"

我看了下这个大纲，是关于思维误区的，有几个点写得还不错。于是我就鼓励她："写得不错，你按照这个大纲写下去，我们可以合作出版。"她说了几句感谢鼓励的话，称以后有机会合作，就下线了。

我也没多想，因为总是有一些作者来套话，询问合作的可能性。对于这些人，我向来都是鼓励为主，毕竟码字也不容易。尤其这个女孩子，我还挺看好她的，人很聪明，在作者群里很活跃，经常跟别人讨论一些写作计划与技巧，善于把握读者的阅读心理，属于编辑们喜欢的那类作者。后来等了很久也没动静，渐渐地，我就忘了这回事。

有一次在一个群里看见她跟别人聊写作计划，看她那激情满满的样子，我忍不住问她："上次说的那个写作计划怎么样了，我还等着看你的文章呢。"她不好意思地说："哎呀，不好意思，最近工作比较忙，经常加班，所以那个写作计划只能推迟了。"

这句话让我想起了网上的一篇帖子，讲作者如何应对编辑催稿。我也经常遇到一些重度拖延症患者，也见过一些奇葩的拖稿理由，比如有个作者说最近在坐月子，没法写，后来我才知道，这个作者是男的。

所以，我直接回他："那你可以晚上写，或者周末。"他说："晚上回家做饭吃，忙完就很晚了。周末需要大扫除，更没时间。"

我每说一句话，他总有解释的理由。我说："其实也花不了多少时间，你每天抽时间写2000字，一开始不管写得好坏，都要坚持下去。14天后，写作的习惯就形成了。"过了一会儿，他回了一句："道理都懂，可我是重度拖延症患者……"话聊到这个份上就无解了。

后来我跟一位摄影老师聊天，恰巧他也认识这个作者。说起他的拖延症，摄影老师说："之前我们在一个摄影圈里混的时候，有摄影老师向他约稿，一整套。他拖了人家两年都没交稿，私下里却总是跟我们讲他的拍摄计划。后来大家都知道了，再也没有老师向他约稿了。"

我有些好奇："既然这是他的爱好，为什么却坚持不下来呢？"摄影老师说："可能怕麻烦吧，一本书比一篇文章麻烦多了。他选择那么多，随便做点什么也能挣个小钱养活自己，肯定不愿意吃苦受罪。"

"那他为什么还喜欢到处跟别人讲他的写作计划呢？"这点我一直没想明白。

"说给自己听的呗。"摄影老师一语道破天机。

我这才明白，他每次拖延的理由，不是说给我听的，是说给他自己听的。每次遇到困难的时候，他总是选择容易的。然而他又知道这样做不对，于是找一些借口来宽慰自己。

他人聪明，选择又多，每次困难到来之际，他总能嗅到一丝味道，提前做好准备，每次都能趋利避害，做出最让自己舒服的那个决策。

然而，他这些看起来是高情商的行为，实际上只是耍一些小聪明。看起来每次都让自己化险为夷，却也等于让自己避开了那些突破自我的机会。看起来选择很多，实际上只能维持自己低水平的生活，迟早会面临没得选的那一天。短期内是舒服了，长期必然害了自己。

这件事让我想到了一个朋友。他说现在年纪大了，就学会了偷懒。能用70%的力气把事情做到及格，他就绝不会用100%的力气把事情做到完美。

我说："如果不逼自己一把，你永远不知道能走多远。"

朋友哈哈一笑，说："你别给我灌鸡汤了，道理我懂，可我就是走不出自己的舒适区。每当我想要再拼一把的时候，内心里就会出现另一种声音：别拼了，你已经拼了半辈子了，做好手里的事，也能生活得不错。"他顿了顿，接着说："这时候我就有点犹豫，往往选择等等看。结果一等，不是机会错过了，就是自己没勇气了。"

我无奈地对他说："你总是太容易放过自己。"

年轻的时候，总以为来日方长，现在偷个懒也没什么，舍不得让自己受苦。不愿意多花功夫让工作尽善尽美，喜欢煲电视剧；觉得早起跑步太难，总想睡个懒觉；看书枯燥无味，耐不住这份寂寞，还不如两盘游戏来得爽快。每次做选择的时候，还以为只是个稀松平常的日子，殊不知，这就是你站在命运三岔口的那一天。

蔡康永说："15岁觉得游泳难，放弃游泳，到18岁遇到一个你喜欢的人约你去游泳，你只好说'我不会耶'。18岁觉得英文难，放弃英文，28岁出现一个很棒但要会英文的工作，你只好说'我不会耶'。人生前期越嫌麻烦，越懒得学，后来就越可能错过让你动心的人和事，错过新风景。"

放过自己很容易，让生活放过你却很难。

愿你我共勉之。

{ 拼尽全力，走出一条 属于自己的人生之路 }

大学毕业那会儿，摆在我面前有两条路：一条是接受我父亲的安排去一家事业单位；另一条路是我自己揣着毕业证和会计证，去人才市场找工作。我选择了第二条路。

经辅导员推荐，我有幸去一家工厂实习，厂子的效益好到没话说。一时间，我春风得意。我染了头发，买了时装，涂了口红，做了指甲，俨然一副"office lady"的派头，在偌大的办公室里，冲泡着廉价的速溶咖啡，和同事们愉快地聊着天。

两个月之后，我被主管叫到了办公室，她说："很抱歉通知你，我觉得你不适合在我们工厂工作，看你工作的状态，我觉得你还是去干点别的吧。"

闹铃准时在六点半把我叫醒，我躺在床上突然意识到我被炒鱿鱼了，这是我职业生涯中第一次受挫，我很沮丧，并且一度怀疑我自己。

父亲火冒三丈，他说："你早该听我的，没那个能耐还不让我安排，现在居然还丢了这份工作，我都丢不起这个脸！"我和家里的关系闹得很僵，我迫切需要找到一份工作，免得父母成天唉声叹气。

就在我重整旗鼓决定重新找工作的时候，我错过了校园招聘的黄金季。和我同一寝室的H，应聘到了一家银行上班；大学时和我玩得最好的F，找到了广州一家知名企业；甚至隔壁班财政学的W，也签了中石油。我投了好多简历，很多都石沉大海，没有回音。这才发现前面的路并没有那么宽。

冰箱厂有回应了，说你来吧，不过前提是需要在车间实习至少三个月，什么时候转正看实习期表现。我答应了。有活干，总比闲在家里被父母念叨强。

生产旺季来临的时候，我们连续几个月都没有休息过一天。那时候也就这么撑过来了。我拿着微薄的收入，一年下来，我从冰箱厂跳到了一家包装厂，工资也只有1200元一个月。

我从家里搬了出来，在厂附近租了间房子住。什么都要钱，房租、水电、吃饭穿衣、化妆品等等，每个月的钱紧紧巴巴。那时候有个外地的同学出差路过合肥，想和我聚聚，我摸摸兜里的钱，还是找个理由拒绝了。我头一次意识到自己活得很拮据，我想做些兼职，给自己的生活多一些补贴。我想到了摆地摊。

一个周末，我揣着200元钱去城隍庙批发了一批发夹，跟一个关系不错的同事一起，就在一个小区的门口摆起了地摊。好容易来了个小伙子，看起来应该是想给他女朋友买发夹来着，对着两只五元钱的发夹挑来拣去，看样子是有选择困难症。多亏跟我一起的那个同事有耐心，足足磨了半个多小时的嘴皮，总算成交了。这年头想挣点钱真难。

刚成交一笔，又有个大妈过来了，还没说两句，突然看到很多摆摊的人慌忙收摊，一问才知道——城管来了。

后来有个土豪买下了我所有的发夹，这位土豪不是别人，是公司的销售部主管。这件事很快在公司里炸开了锅。我们部门老大更是脸色铁青，她说："你真的差这几百元钱吗？有这工夫不如好好提高自己的工作能力，怎么也比摆地摊强。怎么样，现在知道摆地摊的艰辛了吧？"

我真心体会到每个人活着都不容易。家门口那家卖包子的，八年了，每天早上六点多就开门，一直到晚上九点多才关门；菜市场后面那个卖凉皮、米线的老头，整整六年了，每年五月到十月都能看到他的身影，他配的汤味道非常好，每次买的人都排了很长的队；还有巷子里那家重庆小面馆，十来年了，每天晚上十点多才打烊。

专注、特色以及坚持，几乎是平凡人生成功的不二法门。

下过车间，摆过地摊，工作当中的那些苦那些累对我而言突然就变得没那么沉重了。每件事情我都尽十二分的力去做好，我知道自己天资不足，在尝过了生存的艰辛后，发现有一技之长居然是一件无比荣幸的事。

后来，我正好有个机会去一家电子厂做财务经理，我的经济状况才渐渐有所好转。

我时常会想起以前。我很难说哪条路就是对的或者就是错的，偶尔我也会冒出一个想法，那就是如果当时我顺从了父亲的意愿去了事业单位，那么今天的我又会怎样？

我有个朋友在海关，是个公务员，每天为繁杂的事务以及盘根错节的人际关系伤透了脑筋；我那个在银行的同学，后来我去拜访过她，因为银行效益下滑，她从财务岗位转到了业务岗位，过着外人眼里羡慕的稳定生活，但她说自己很清楚，如果离开了这个单位，自己几乎没有立身之本；还有一位在地税局上班的朋友，最近也常常找我吐槽。

或许，每个人的路都不一样，有的顺畅一些，有的就充满坎坷。在看不见希望的漫漫长夜里，你的父母包括你自己都会给自己很大的压力，你会怀疑自己的选择，甚至质疑自己的努力，但如果这是你自己的选择，请一定要再坚持一下。

如果时光可以倒流，放在我面前的依然是当初的两个选择，我还是会选择今天的路。

或许这世间本就没有最好的选择，无非是你按照自己的心愿选择了之后，为了证明当初的选择，你会拼尽全力，走出一条属于自己的人生之路。

{ **不要闭上眼睛，
告诉自己天是黑的** }

　　有一天在微博上看到这样一个观点，说，那些只觉得妈妈的味道才是最美味的人，味蕾是未曾开化的。这句话也许更多是一种调侃，不过仔细想想也自有道理在其中。许多我们曾经自以为无法超越的家乡美味，等自己长大以后离开家乡接触到外面世界的各种好吃的以后，才发觉自己的孤陋寡闻。

　　我作为一个山西人，从小主食是面食，经常听着什么"世界面食在中国，中国面食在山西"，什么唐太宗李世民御膳顿顿得有面，什么慈禧太后西行来到太原府对各种面食赞不绝口……这样的一些赞扬和真假难辨的故事，心里便被灌输了这样的理念，觉得面食才是最美味最地道的饮食。

　　于是一直到大学毕业，我都是坚定的面食主义者，去食堂吃饭，从来都是一大碗面，即使偶尔吃一次大米，自己下意识里便觉得这玩意儿难吃，往往吃几口便扔在一边。直到参加工作以后，再不能像学校那样有一个固定的食堂可以准时准点地吃我想吃的饭菜，渐渐地也便打破了非面食不可的原则。

　　再后来离开了山西，更加意识到自己过去饮食观念的狭隘。放眼全国，山西面食那是多么小众的吃法啊。即使同样是面条，我也不觉得山西刀削面要比陕西面食、兰州牛肉面、日本拉面这些要更好吃一些。

　　回想一下自己过去的人生，我曾经一直是一个非常恋旧和保守的人，经常联系的朋友总是那么几个，手机里翻来覆去总是那几首老歌，去固定的小饭馆吃饭，就连衣服的颜色也很少有改变，也不大喜欢去参加陌生人多的饭局和聚会，周末大部分时间宅在家。一直以来我也就是这么生活的，并不觉得这样有什么不妥。

直到有一天，有一个新认识的朋友对我说，你这样的人生实在是太过无趣了。

我说，大部分人不都这样吗？谁每天没事做瞎折腾啊！

她说，不是啊，像她会在周末的时候练练书法，做一做瑜伽，有时候一个人也会去看一场电影，看一些宗教类的书籍，最近打算学日语，接下来计划出国留学……

我当时就沉默了，开始有些怀疑自己是不是真的过的太无趣了。

过了一段时间以后，我有事回家一趟，跟我姐夫一起开着车走高速。

车上一路放着音乐，我听着旋律觉得好熟悉，就问我姐夫，这谁唱的啊？

我姐夫有些诧异地看了我一眼说，天呐，李荣浩你不知道吗？你这个年龄的人居然不知道李荣浩……

我又沉默了，脑子里回想了一遍，好像我对华语流行音乐的认识还停留在周杰伦是个新人的时代。

虽说对于音乐的喜好实在是一个非常主观的事情，喜欢老歌也没什么错，但是如果从来不去尝试，就轻易武断地觉得那些乐坛新人都是垃圾，只有罗大佑李宗盛这样的才是恒久远，也未免太过偏颇。

经典的东西固然自有其价值，但当下流行的也并非一文不值。今天的流行，便是明日的经典，死抱着过去抱残守缺没有任何意义。

音乐、文学、电影，莫不如是。

想当初，提起80后，第一反应便是叛逆、张扬这样的标签，而时过境迁，80后现在的标签是压力大、买不起房……

连90后都开始步入晚婚晚育的年龄了，80后走在街上已经完全是一副中年人模样……

如果自己对于这个世界的认知一直停滞不前，就会变得因循守旧，浅薄而又刻薄，偏激，自以为是。

想一下当年，刚有了"80后"这个概念的时候，那些老头子们是如何的口诛笔伐，恨不能把这代人集体重新回炉重造成他们心目中觉得正确的样子。

而现在这代人已经成为社会中坚力量，也没有把这个社会折腾得垮掉，倒是比那些老头子们的时代明显进步了许多。

那么，我们又是用一种什么样的眼光去看待那些更年轻的90后、00后呢？

是不是也像当年的那些老头子一样，提到90后就觉得是非主流，提到00后就觉得是脑残？

一切的偏见都源于无知，不知不觉中，我们也可能成为自己曾经最厌恶的人。

那次从老家回来以后，我经常反思和审视自己，然后便愈加觉得自己这些年太过固步自封，在某些领域已经有些跟不上时代的步伐了。

而越是无知的人越容易以自己看到的为整个世界。经常在网上看到人们为了一些观点进行骂战，往往那一批最无知的人是最敢信誓旦旦赌咒发誓，叫嚷的最大声的，而那些真正看透这件事的人，则会慢条斯理地提出自己的观点和看法，并提供大量的数据进行佐证。正因为他们什么都不知道，才会更加对自己看到的片面之词坚信不疑。

人们往往会有这样的体验，随着年龄的增长会为自己过去的无知感到羞愧。如果你有这种感觉，那就对了，说明你一直在成长。如果你一直觉得自己牛逼的不像样，回首过去一片辉煌灿烂，大概也开始走下坡路了。

知道的越多，便越不敢轻下论断，因为能意识到自己的狭隘和这个世界的可能性。

过去我也曾经跟人在网上论战，声嘶力竭，争得面红耳赤。而现在则更多抱着去接受和学习的心态。

能够接纳与自己不同的观点，与异见者同处，是一个人开始成熟的一部分表现。

所以我现在非常羡慕那些对生活抱有热情、愿意去体验和尝试各种新事物的人群，希望自己也能够变成那样的人。

我希望自己愿意去尝试更多新奇的美味，看更多的书和电影，去陌生的地方旅行，认识新的朋友，学一两种新技能。

我希望不断地更新自己，时刻让自己保持着对这个世界探索的兴趣，拥有更多创新的能力。

相对于这个世界来说，我们都像是一个对着高山痴痴幻想的稚童，想着山的那边是不是住着神仙，只是我们永远也无法站在世界这座高山的最顶端，洞悉这个世界的所有秘密。然而我们总能爬的更高一些，领略更多的风景。

世界是如此之大，生命有如此多的可能，即使穷尽一生去探索，也无法彻底认识这个世界。而我们才走过多少地方，看过多少风景、经历过多少的人情悲欢？就敢将自己的世界封闭起来，因循守旧，不去接纳新的事物、尝试新的可能？

不要闭上眼睛告诉自己这个世界是黑的。

{ 你让自己满意，
  才会对生活满意 }

好友东东去了新公司。

我问她感觉如何？

她说："很忙，稍微松懈一点工作就完不成，不过这样也好，刚好锻炼一下。"

字里行间里都是痛并快乐着的情绪，一副为难自己还特别嗨的畅快相。

东东有两个孩子，大妞四岁，二宝一岁半。

她也曾是叱咤职场的白骨精，在经历过升职还是生子的痛苦抉择后，一头扎进了全职妈妈的队伍。

带孩子并不是一件容易的事，孩子的出生让东东柔软温暖，日子却比以前紧张了。

她每天围着孩子的屎尿屁打转，在时光里跌跌撞撞学着当妈，好不容易哄睡精力旺盛的宝贝，转身想跟爱人说说话的时候，才发现身边人早已鼾声如雷。

家里添了二宝，也换了新房，看上去几乎趋向完美，只是生活却偏离了最初的模样。

老公在言行举止上若有似无的优越感，婆婆事无巨细都要管得霸道，东东很想回避这一事实，想把它们塞进时光的黑洞里，尽量不去想不去看，以防御的姿态把生活中的负能量全部屏蔽。直到无意间发现老公聊天记录里的暧昧表情，她才惊醒，虚张声势的伴装，注定只能得到滥竽充数的快感，而不是享受。

东东看着自己一手建立的爱情大厦，像豆腐渣工程般倒塌得稀里哗啦，不是没有当面对质的愤怒，甚至想立刻扬长而去，但是她也明白，婚姻生活里的一地鸡毛换个人未必会变好，为自己的心灵和头脑招兵买马才是最安全有效的。

一个女人如果选择不妥协，没有什么力量能够阻挡她。

重新开始的滋味当然不好受，更糟的是累加效应的重锤，它会使得你会对自身的价值体系产生怀疑。东东在两个月里投了许多份简历，几场面试结果也并不理想，几乎心灰意冷的时候，一家物流公司伸出了橄榄枝。东东去了这家公司做内刊编辑，她很珍惜这份工作，做了许多尝试，也策划了几期颇受好评的专题。但公司的管理制度太松散，很多人在工作中缺乏积极性，做事敷衍散漫，东东觉得这种环境不利于自己成长，所以在公司待到第五个月的时候，她选择了辞职离开。

去人事部递交辞呈的时候，HR经理找到东东谈话，言语婉转，表达明确而轻视：大龄的已婚妇女要同时兼顾家庭和事业，就该找份清闲的工作度日，比如现在的职位。

东东礼貌拒绝的同时，在心底冷笑：现在不抓紧时间自己增值，难道我还要坐等着贬值吗？

婚姻也许是一个女人的必修课程，却绝对不是唯一的核心课程。人生这所学校提供了琳琅满目的基础课，我们从中选出几门作为必修课，在漫长的时光中慢慢摸索，享受被爱被认可，也学会去爱去包容，学会当父母也学着当子女。在生活的细枝末节里，我们对自己身处的世界不断探索和理解，能够知道自己所学再多，如果失去独立性，精神就会不自由。

不怜悯自己的悲伤，才不会伤害活下去的兴致。

在徐志摩感情世界里被遗弃的发妻张幼仪没有怜悯自己，而是自给自足，亲身实践了耕耘与收获的对称性。在失婚产子后，张幼仪考入柏林裴斯塔洛齐学院。学成归国后，她在上海东吴大学任德语老师的同时，开办了自己的时装公司，专门在旗袍款式及细节之处做文章，一时受到全国名媛闺秀的热捧。时装公司开办不久，张幼仪又出任了上海女子商业银行副总裁，银行在她的努力经营下很快扭亏为盈，占据了一席之地。

当然，张幼仪的高贵之处不是成为商界巨鳄的财商，不是徐志摩意外身亡，现任妻子无力操持的情况下接手处理一切的品质，而是在失去婚姻之后，选择为自己打开了另一扇通往人生窗口的通透。

她的自述中有这样一段话，她说："你总是问我，我爱不爱徐志摩。你晓得，我没办法回答这个问题。我对这问题很迷惑，因为每个人总是告诉我，我为徐志摩做了这么多事，我一定是爱他的。可是，我没办法说什么叫爱，我这辈子从没跟什么人说过'我爱你'。如果照顾徐志摩和他家人叫作爱的话，那我大概爱他吧。在他一生当中遇到的几个女人里面，说不定我最爱他。"

爱情这件事，从来不会让人觉得平等。相爱的时候每个人都懂得为自己的幸福努力，不爱的时候却鲜少有姑娘保持清醒，自愿截断末路，转换跑道。一纸契约并不是保证爱情的定心丸，真正能让你获得安全感的无非是不惧风霜的自信。相爱时彼此温暖，分开后不会皱眉，只愿拼尽全力打开那扇没人阻挡又格外有重量的窗，并深信自己会越来越好。

任何时候，只有你对自己满意，才会对生活感到满意。赚不多却够花的钱，做一份喜欢的工作，坚持一到两个爱好，照顾家人也不忘记保持自我，先让生活见到最好的你，自然能得到生活的宠爱。

泰戈尔说："世界以痛吻我，要我报之以歌。"

愿你我用天真去善待，用本能去热爱。

第四章

抱怨的人生
没有希望

{ 比起抱怨，你更该提升自己 }

你不努力，何谈成功？最近网上热议的华科最年轻教授，谈何不是苦苦煎熬过来的呢？当你自以为很努力时，请看更努力的人；当你觉得命运不公、老板刻薄时，请问你在各方面的能力是否都超越了你竞争对手？如果没有，那一定还有提升空间。

最近，母校一则牛人新闻引起了广泛关注，受到了许多年轻学弟学妹的敬仰。这位现年28岁的华科本科校友获得了湖南大学的木土工程教授职位。24岁毕业那年，他留美读博，3年后毕业，去了美孚做高级工程师。随后作为国家千人青年计划，回国取得了这份殊胜的成绩。一般来说，国内一流大学(top20)的年轻教授普遍也在35岁以上，不少40岁以上的大学教师还只有副教授职称。这位校友能取得这样的成绩，虽然和其在美国留学发表的顶尖学术论文直接相关，但这等实力却有赖于本科的积累和始终如一的奋斗精神。

他自己在日志中写到："我把大学时取得的成绩归结于我的努力，现在我都非常肯定地说，我当时花在学习和思考上的时间，比99%的同学都要多。"每天早上7点就去自习室，经常晚上10点才离开自习室，连双休日也如此。在华科这样的学生多不多？就我亲身经历来说，这是很普遍的现象，也是我作为一个拖后腿的校友引以为豪的华工学风！如果各行各业的商界精英、科研专家和学术大师都能秉承这种奋斗刻苦的精神，中国一定会像德国那样永续发展，而不至于因实体经济的空心化最终导致经济增速放缓、乃至于停滞。

抱怨的人生没有希望

　　结合昨天看的一部华尔街系列电影，在此谈谈感受，也是给我自己的一种反思、教诲和鞭策。成功的人必然有共同的因素，其中最重要的一定有勤奋、刻苦；如果不够努力，就不该抱怨。即便你的命运、运气(或者因果上称之为福报)不够好，但如果你足够努力，一定会有所获得。更进一步讲，任何命运多舛的人，都能有这位28岁校友的刻苦精神，你在财富、地位和各方面的收获一定不会差!当你自以为很努力时，请看更努力的人；当你觉得命运不公、老板刻薄时，请问你在各方面的能力是否都超越了你竞争对手？如果没有，那一定还有提升空间。

　　1. 规划比努力更重要

　　同样的努力，可能获得的结果很不相同。有些人学习很刻苦，但最终却找了非常普通的工作。反过来，正如昨天电影描述的那样，23岁的本科毕业生在投行能获得年薪25万美金的报酬。这其中除了运气不谈外，规划也很重要。就像我自己来说，我自认为运气还算好的人。在华科，像我这样四年时间里累计自习时间不到10小时的，占比不到3%。70%以上的大学同学，每周至少有10小时的自习时间。一方面是专业性质的问题，一方面是学习态度。但比较幸运的是，我找的这份工作从收入、对职业长远发展来看，在当年毕业的几千人里，应该也排得上前3%。这和个人的规划、方向选择很有关系。如果你的方向错了，所耗费的努力必然会有一定程度的浪费。这也是我常常劝导身边同龄人，以及希望为学弟学妹提供更多的实习机会，创办实习联盟等计划的目的。

　　2. 不要认为自己已经很刻苦

　　由于现前项目基本上都是和外资投行合作，渐渐就会感到自己混得很糟糕。正如电影里描述的那般，23岁毕业就年薪25万美金，工作10年250万美金，公司老板作为最高的打工者，年收入往往超过1亿美金。是不是真的？据我了解，我们在香港的那些投行客户，刚毕业的人，如果运气好，做的项目能很快上市，年收入不会低于20万美金。在这种环境下，虽然自己混得很差，但必然会慢慢觉得，什么500强，咨询公司都是浮云。但反过来一想，自己又有何能耐抱怨？别人是全球顶尖高校，并且本科、高中都是最顶尖的，自己只是中国的普通一流高校；别人英语听说读写和美国人一样，自己写的报告却常被律所笑话；别人一周7天，每天至少工作14小时，一周至少工作100小时，偶尔一个月不停加班就感到累；别人冒着今天狂加班，明天就要卷铺盖走人的境遇，自己却还能经常接到猎头电话，考虑哪儿更安稳。虽然投行的人也有许多不足，比如他们根本不懂行业、思路不清、想当然，但不可否认的是，他们的背景实力、刻苦精神、抗压能力都是最好的!任何还在抱怨的年轻人啊，如果你的业余时间和工作上浪费的时间能够像他们这样充分利用起来，我想在25岁时拿到20多万年薪，绝对是轻而易举!

问题是，多少人在和我一样抱怨时，丝毫没有反思过自己是否足够努力？多少人把大部分的闲暇时间用来做什么呢？看电视、连续剧、刷那些大部分没有营养的微博资讯、逛街买那些打折的奢侈品、一下午耗费在淘宝网，更多的男生则通宵达旦的网游。实在讲，大家都活得很累，打游戏、不眠不休看电视剧，也很耗费精神。同样在耗费精神、体力，却获得了截然不同的结果。还不够努力的我们，还能抱怨什么？

3. 珍惜你的福报

在努力、规划之外，确实存在不可思议的决定因素，把这种因素称之为运气、机遇、概率事件等等都行，但没人可以解释这种因素的作用原理，因为这是超自然的。作为崇尚儒释道文化的人，我深信这就是千古以来历代祖宗所说的福报。香港一代命理前辈陈朗先生，作为李嘉诚的终身顾问和一大批香港富豪的风水顾问，他在早年为李嘉诚算命时，直呼其人的财库是满溢出来的，将来财富不可限量。但即便如此，李嘉诚先生直到今天都每天工作8小时以上，坚持每周至少看1-2本书。试问，我们多少年轻人一年到头看的富有营养的书，超过了10本？我承认，我没有。那不看书也罢，多少年轻人每周至少花5个小时的时间来学习专业知识、学习英语？我承认，我没有。因此，今天我能获得这些，我不敢再有什么抱怨。电影中有位28岁MIT动力推进专业的博士，就是他发现了整个公司所有人都没有发现的模型漏洞，引发了次贷危机。一位工作了20年的金融分析师，花费几周时间没有发现的漏洞，被这位MIT导弹学博士在几小时内发现了。这是巧合吗？这就是专业知识的力量。影片中更有意思的情节是，当这些年轻人把问题报告呈现给领导看时，领导腻烦地说自己看不懂。因为不学，因为越往上的人，专业能力越退化。

当然，这世间也有不少所谓的富二代、官二代，这些好命的年轻人中固然有优秀的，但也有许多败家子。有人说，这是投胎技术，但这也可以归纳为运气、福报。不管福报多大，我相信佛说的"世间福报都是有漏的，总有用完的一天。"佛陀曾向弟子们现场举例说："你们看路边那位乞讨的，还有那位坐在挂满璎珞、黄金大象身上的贵族，他们来生的命运正好互相对调。"

运气不会永远那么好!一生好运的人，通常必然具备了成功人士必备的因素。

别让你的青春浸泡在抱怨和倾诉中

初中时候，我觉得我很苦，远离父母，寄人篱下生活和上学，满心都是委屈和青春期的困惑。我想跟一个年轻的老师说说，但发现她根本没空理我。那时候我就知道，别到处说你的苦，没人有责任给你答疑解惑，没人愿意听你倾诉什么负能量，搞不好还成为别人的笑料。当然，这也让我养成了隐忍和讨厌别人诉苦的性格。

我听过很多人讲困惑讲抱怨讲委屈仿佛整个世界都负了他，也收到很多来信讲自己人生哪儿哪儿都是坑。起初，我很认真地回信，但发现对方再回复过来没有超过两句话的，基本上都是"谢谢，我会加油。"其实说白了，就是跟我这儿倾诉下，并不是要什么解决方案，更不是要我感同身受地帮助什么。慢慢久了，扫一眼一封信，如果大片的负能量，我就不回复了。有人说我冷漠，高高在上，其实是因为，我也不想接受什么负能量。这世界就一种人心甘情愿的接受负能量，那就是心理咨询师，但你得给他钱才行，除此以外，估计自己爹妈都懒得听孩子天天毫无行动力的叨逼叨吧。

我有一个挺要好的男同事，什么都好，就是特别能抱怨。无论大家去哪里玩，吃什么东西，在什么时间，也无论我们各自后来跳槽到哪个公司，都不休止的抱怨工作、同事和老板，仿佛他去了哪儿，哪儿都是一群人渣。起初我和另一个小伙伴还安慰他，后来我们只能默默地听着，该吃吃该喝喝，不做任何发言，因为该说的话已经说了，已经完全不知道该说什么了。后来，我们再聚会的时候，都要考虑下，要不要叫上他啊，不叫他都是同事，可叫上他真的不想听负能量了。职场有点不满很正常，但抱怨太多，其他同事和老板也都觉得这人是真的能力不行，沟通和工作能力太差，一来二去，也没说他什么好话，不久他就真的转行做别的去了。

其实每个人都本能的想要听到振奋人心的好消息，生活已经够艰难了，谁还顾得过来别人的眉头呢？虽然很多时候朋友间郁闷的时候需要倾诉，但倾诉太多负能量谁都扛不住。当别人耐心的劝慰你一两次之后发现你根本没有行动力，只是一味地吐苦水，估计谁都不会再有耐心听下去了。如果你成天只能为鸡毛蒜皮的小事所忧心和劳神，那其实你可能也成不了什么大事。

年轻人都有哪些苦水呢？其实无非就是生活艰难，工作不满意，爹妈不理解，朋友不相信，当梦想照进现实自己特无力，可哪个年轻人不是这样挣扎着度过自己的青春时光呢？人生除了死，没什么大事儿。你以为自己够不幸的了，但实际上才哪儿到哪儿，比起那些大起大落的伟人来讲，你这都不叫事儿。比如发奖学金别人凭什么能靠关系，工作上的同事给你穿了个小鞋，父母不支持你去大城市闯荡，自己得了个颈椎病晚上睡不好等等。当你回头看自己的过去的时候，你会发现，自己曾经怎么那么幼稚，怎么会被这点小事哭了好几个晚上？

很多人觉得，那些看上去很好的人，他们的生活一定没什么迷茫和烦恼，他们才是人生的幸运儿呢。但事实上，每个人都是一样的，只是别人的苦没说出来没让你看到罢了。我认识一个红人，还比我小两岁，日常八小时的工作是广告公司总监，作品获得过戛纳广告银奖，其次他还是一名作家、电台主播、国家二级心理咨询师师、心理催眠师、二级人力资源管理师。你可能觉得不可思议，一定是骗子，要么就是自我吹嘘，但你不知道，他从没有半夜3点之前睡过觉；你不知道，他几乎日日更新自己的文学作品，每篇都3000多字。他从没有跟我说过自己的辛苦，也没有说过周围人谁不好。他总是很默默的跟我说："加油，努力。"就没有别的什么听起来高大上的废话了。

这两年，我认识很多新晋的豆瓣红人，其中的一些人从关注几百人开始，到今天的几万人，我眼睁睁的看着他们每日辛劳的更新，还一更就是大几千字。他们有人拿着微薄的工资薪水坚持梦想，有人在工作之余挑灯敲字，有人当了妈妈在月子里还笔耕不辍。这样的生活可能太拼了，可能不是你想要的那一种，可能还对身体不好，可能还很累，但这就是他们每个人的梦想。我猜想，他们都经历过时间不够用的困惑，遭遇过夜夜码字没读者的孤独，他们都曾在台灯下想要转身睡去，但我没听到过他们的任何抱怨，我只看到了他们成年累月的作品，像他们本人的头像一样，冷静而独立的逐渐被众人所知。

不要让未来的你，讨厌现在的自己，困惑谁都有，但成功只配得上勇敢的行动派。别让你的青春浸泡在抱怨和倾诉中，也别让每一次朋友聚会变成祥林嫂集合。如果你不想被负能量所包围，那就试着聊点振奋人心的话题，像那些积极勇敢的创业者那样，向周围的人汲取更多的正能量，让自己的眼睛也能闪着亮晶晶的光芒。

试试看，每天早晨醒来对自己说一个让自己愉快的好消息。你是什么样，就会吸引怎样的人来到你身旁。

{ 你的抱怨不过是
不努力的借口 }

[1]

我的朋友李良成，肯吃苦，心善，性格和谐，经常帮助人。

良成在乡下有个远亲，家境不是太好，良成把亲戚刚上小学的孩子接过来，资助孩子上学。孩子也很努力，每天都学习到很晚。担心孩子太累，良成还经常劝孩子早点休息。

前些日子，老师打电话让良成过去，问了些很奇怪的问题，眼神很怪异，有点吞吞吐吐欲言又止的意思。

良成心粗，没有多想。

过两天良成替孩子检查作业，无意中看到孩子的一篇作文，顿时呆住了。

作文中有几句话，大概意思是：……这个社会，为什么如此不公？为什么有些人一天到晚什么也不干，却吃香的喝辣的？比如我大舅李良成，他一家人每天除了看电视，就是逛街购物，却总有花不完的钱？有钱人就是好，想买什么就买什么……

良成当时心里激动，他很想把孩子揪过来，对着孩子的耳朵大吼一句：死孩子，什么叫你大舅一家一天到晚什么也不干？一天到晚什么也不干的是你爹妈！正因为你爹妈一天到晚什么也不干，才把日子混成这样！你大舅怕耽误了你都快累成狗，你居然看不到……

终于明白了老师的眼神为什么那么奇怪。

良成终不可能对孩子说句什么，怕伤到孩子，他跟我聊起这事，我也呆住了。

我想不到的是，这种畸形的心态，不知何以悄然侵袭了孩子的心灵。

[2]

在深圳时，我就深切体验到人心的偏激。有次出门，见两个保安聊天，就听一个保安说：看咱们小区，开什么好车的都有，全都是为富不仁！

开好车跟为富不仁，这之间一点逻辑关系也没有，不知道这个保安怎么把二者关联起来的。还没等我理清他的逻辑，就听另一个保安说：就是，穷的穷死，富的富死，太他妈不公道了。我现在就盼来一场运动，到时候我第一个报名，不打死这些为富不仁的有钱人，我管他们叫爹！

后面说话的保安，脸上的肌肉扭曲着，年轻的眼睛透射着我无法理解的仇恨。而这种仇恨，完全是非逻辑的，虚构在扭曲与臆想的基础之上。

[3]

另一件事是，我有个朋友，他儿子很有出息，爹妈没怎么管，孩子自己报考海外名校并被录取。朋友激动得红光满面，把熟人全都叫来，大吃庆祝。正在亢奋之余，席间有个多年老友，突然冷冰冰地扔出一句：国外的学校，根本不看考分，给钱就让上，有钱人就是好！想去哪上学就去哪儿上学。

朋友被堵得慌，气恼地辩解说：你说的那是野鸡大学，我儿子这可是名校，名校招录更严……我儿子可是全额奖学金啊！

对方扔回来一句：都一样，给钱就让上。

上你妈……朋友气得想要打人。但他知道自己儿子表现太好，已经引起公愤，能做的就是立即起身买单走人，多年的老交情，到此为止了。

[4]

上面说的这几件事，有个共同特点，都是臆造仇恨，甚至不惜修改事实。

李良成并非土豪，真的是每天累成狗。自打他把亲戚的孩子接来，等于多判了自己几年的苦役。万万没想到这孩子根本不领情，之所以硬说他"一天到晚什么也不干"，只是为了人为制造不公的借口，为自己心里的愤怒建立依据。现在李良成拿这孩子的教育，束手无策，已经接来了就不能再送回去，可如何告诉孩子这种观念是扭曲的？恐怕不是件容易的事儿，弄不好倒起反效果。

深圳那家小区，有多少挥金如土为富不仁的坏土豪我不清楚，但我认识的几个，都是睡得比狗都晚，累得跟驴一样。其中有个老板为了接单，被客户灌酒灌到胃吐血。还有个胖土豪在最低谷的时候，被债主追杀，慌不择路，两米多高的围墙，他竟然嗖的一下就跳过去了……

如果他们知道有人如此痛恨他们，他们一定会大哭起来。

最后那个儿子上海外名校的朋友，这事儿还真是错在他，你儿子太有出息，就意味着对别人家孩子的无端羞辱。自己关起门，和几个亲密的朋友庆祝一下就是了，非要昭告天下，别人心里抑郁悲愤，当然要修理你。

只是这个修理的理由，无视事实，太过于扭曲。

[5]

去年回深圳时，看望几个当年的朋友。其中有一个，是当年照顾过我的姐姐。当年她研究生毕业，直接进了省级政府机关，但男友去深圳打拼，引发她热血沸腾，就毅然辞职而去，想上演一幕深圳爱情故事。

万万没想到，她去了深圳，男友却因为一连串失意，最终无法立足，回到三线小城市，让家人走关系弄了个事业编。而她却留在深圳，于谷底起步最终风生水起，成为了当地有名的女企业家。

上次见面，她跟我说起个北方煤老板的事情。

她说，媒体总是称煤老板煤老板，这个贬义的称呼，带给人一种强烈的感觉，这些煤老板都是些没有底蕴的暴发户，除了用钱砸人，欺良霸善，良知良心一概没有。她当时也是这样认为，见到那位煤老板时，也是这种感觉。

但是感觉根本靠不住，聊过几次她就发现，在那位煤老板粗鄙的伪饰下，藏着一个洞知世象人心的心理学大师。煤老板的包里，上面是几本三点式女人的低俗杂志，下面藏着英文原版的心理学专著，看到这些书她才恍然大悟：是了，这位满口粗话的煤老板，管着几万号人，没点内功底子怎么可能？他之所以表现粗鄙，一来是他的环境中有些人只吃这套，二来是社会公认他们没文化，他为什么非要跟所有人抬杠？

这位姐姐当时深有感触的说：人呐，不怕不努力，不努力也是人生的权利，凭什么非要努力？做个平庸之辈又招谁惹谁了？怕就怕自己不努力，还扭曲臆造，无端贬低别人的付出。

这个世界不欠你的，也不欠任何人！

你只看到了煤老板一掷千金，认为他们钻了政策的空子，却没看到他们为完成一个挖煤的系统工程，必须要上得讲堂下得井矿，指挥得了千军万马做得了地痞流氓。你只看到了别人的小蛮腰，没看到美女日夜挥汗在健身房。你只看到了别人逛街购物心神气爽，没看到人家辛苦劳累打拼奔忙。

不努力不是错，不努力偏又愤世嫉俗，于是脑子就日渐扭曲。有成就的人，或是运气好，或是人品劣，不是阿谀奉承，就是为富不仁，天底下只有你最善良。所有人全都欠你的，所有人都不该享受他们的生活，必须要接受你的正义审判。

嫉恨别人的努力所获，就刻意地无视别人的付出，给自己的不努力找借口，多少也算人之常情——但刻意欺骗自己，把自己臆想成不公正的牺牲品，从此让自己生活在悲愤的心态中，这就是折磨自己了。

别那么悲愤，这个世界真的不欠任何人。每个经济地位居于你之上的人，都有比你更惨淡的付出。他们没抢走你任何东西，你的所获，只与你的智慧付出成正比，真的不是别人的错。

不好意思，
我对你的生活不感兴趣

这两天脑子里总盘旋着蒋勋的一段话，这段话我一直特别喜欢，抄在小本本上那种。

"所有生活的美学旨在抵抗一个字——忙。忙就是心灵死亡，不要再忙了——你就开始有生活美学。"

在所有人都在抱怨忙和累的年底，我忍不住敲出以下内容。

大家都在忙，"忙"仿佛成为了"意义"的代名词。如果今天我很闲，而王老三在朋友圈发出了"每天只能睡四个小时，忙到半夜"这种辞藻，那么我貌似就被他远远甩在身后了似的。

如果别人早起赶飞机，夜晚不休眠，于觥筹交错中识朋友、拓人脉，而我只是在家喝喝茶、看看书，我是不是就堕落了。这是很多人内心的问题。

于不知不觉中，丢掉让自己舒服的生活方式，扶着眼镜遍地去找另一种生活方式。说实话我的视野里不乏拼命三郎和三娘们，我承认这些人的奋斗热情在很多时候为我打了不少免费鸡血，他们不顾一切，他们目光炯炯，随便一条"状态"就已经是最好的励志鸡汤。

但不好意思，我现在越来越厌烦这种"晒苦逼"的行为了。如果你真的享受加班加点，真的沉醉于定期的发烧头痛打点滴，真的浸淫于"没时间"的优越感中，那我只能说：你有病。

大部分正常人的追求，是精神的轻松和快乐吧，至少一定不是疲劳如伸着舌头的狗一般狼狈。可如果有人日日以"苦逼"二字来给自己的粗暴生活涂脂抹粉，是否太不美观？

当代成功学的毒害辐射面太广，其中一条就是：让不少人觉得，因为成功的人就是忙碌的人、没时间的人，所以如果我天天忙得脚后跟打屁股，那我也约等于成功的人。

别自我欺骗了，上述假设还可能约等于——你很蠢，工作效率很低；或者你做的决定多半都是错的，只能不断补救和走弯路。

比起那些天天在喧闹中拼命、像对待陀螺般抽打自己的人，我现在更欣赏那些活得特别有张有弛游刃有余的人。比如有的朋友会在密集工作一个月之后，倏然飞往欧洲度假一个月；或者推掉好几个闪闪发亮的"小机会"，宅在家好几天不洗脸也不社交。

我有个特别妤的朋友在央视新闻频道工作，恨不得天天加班，没假期，但有一天她在朋友圈晒了一张挺漂亮的油画，说是自己报了个周末油画班去学的，我一下子爱她爱得不行，她和我一样，特别反感刻意交朋友的看似"高大上"的局，凡是自己不喜欢的人和调调，机会再好也不去。

还有我特别欣赏的朋友杨姗姗，她的生活也很有滋味。她身处模特圈，却从不受浮华习气的影响，从不拼命拢资源、造人气，把自己搞的疲惫不堪。她曾经跟我说，人可以决定自己看到什么、听到什么，有些东西，我选择不去接触，因为我觉得自己可能会受到不好的影响。

人家潜心做自己的服装设计，喜欢复古风就沉浸到底。生活态度是真的随遇而安，非常潇洒淡定，有机会就出去旅行看世界，可小事业照样做得风生水起。前几天发现她把服装新品带去巴黎拍摄了，一边玩一边拍。人家没下功夫吗？可人家没享受生活吗？工作绝对做不完，事业一天能比一天大，可是持续扩张真的是一件好事？

还记得前年去希腊的时候，导游跟我们讲，说有一帮中国大老板跑到当地一家酒窖，要跟他们谈合作，每年买多少多少箱酒，结果被酒窖主人给拒绝了，人家说，我们每年只做这么多酒，多了不做，如果太多了，我就没时间去酒吧去旅游了。

不仅如此，酒窖主人还把这群人傻钱多的大老板，介绍给了毗邻的酒窖主人。这不是傻么，自己不赚钱也就罢了，还把钱主动送到竞争对手那儿去。

可惜这只是中国人的思维方式。

现在打鸡血的机构太多，可鸡血到底哪家强？反正我想给大家提供的鸡血，是这样的：我们打鸡血的目的，是享受生活，是丰富人生体验，是和家人们一起咀嚼奋斗成果，而不是打鸡血本身的快感。打鸡血本身并没什么快感，如果你觉得有，那只能说你有病。而且，你真的觉得自己需要那么多的鸡血吗？需要时再打，不需要时，请屏蔽。

所以相比较那些每天高喊自己没时间吃早饭，没时间睡午觉，病了也没时间打点滴的人，我更喜欢慢悠悠地把生活安排好，除了工作还特别会开发别的有趣事儿的人。哪怕他的生产力没那么惊艳。

在意义太多的时代，"意义少"就是奢侈品。比如和一帮谈不出什么合作的朋友，嘻嘻哈哈地吃顿饭，笑出眼泪来，就特有意义；比如在别人连看画展、听音乐会都一场接一场，丰富灵魂都要咣叽咣叽生吞的时候，我就悠哉悠哉选一场自己真正喜欢的去看，就特有意义。

在这种惜时如金的时代，某个女人周末跑去练书法，学茶道，我就觉得特欣赏；既不能考级、也不能变现，就是学给自己玩的。

最后说一句，别再标榜自己多苦逼了，现在不流行这个了。

{ 别在这辈子，活成了
一个让自己都看不起的人 }

前不久，一个孩子在微信上发了一大堆截图给我，仔细一看，都是介绍北大清华的牛人们的。这个得了奥赛冠军，那个门门功课年级第一。那孩子很颓丧的说："我觉得我再怎么努力也比不上他们啊，突然对自己的未来好没有希望。"忽然想到了知乎上的一个经典回答："以大多数人努力的程度，根本还没到拼智商的地步。"

我的一个远房舅妈，一直是个亲戚中的著名人物。由于时代的原因，她读到初中毕业就没有继续念书了。毕业后进入了工厂上班，经人介绍认识了舅舅，生下了表姐。一家人蜗居在一室户的小房子里，每天与邻居共享厕所厨房，每月挣着些死工资，日子平静无争。也不知道从哪天起，或许是突然意识到了如果这样过下去，可能永远无法为女儿开始创造一个理想的生活环境，舅妈开始重新拾起了课本。

舅妈多年没有接触过书本，整日在流水线上的忙碌已经磨灭了在校时候的激情。当她再次拿到课本的时候，发现很是晦涩难懂。后来听表姐说起，发现在当时年幼的她的记忆里，舅妈的形象便是一个日夜苦读的身影，手边永远放着一本本的参考书和英语字典。看不懂的单词和要点就查，然后记在小本子上反复琢磨。就这样学习了好几年，舅妈考取了夜大，并在读夜大的期间发现了精算行业的稀缺，以自学了精算知识，考上了精算书，在那个精算师十分稀缺的年代，她的证书变得炙手可热，帮助舅妈找到了一份待遇非常优厚的工作。

舅妈从工厂辞职后，鼓励舅舅也考上了夜大的文凭。如今他们早已经告别了一居室的生活，跨入了中产阶级。而一些当年的工友还生活在这些破旧的老宅里。老同事见面的时候，总有人说舅妈运气好，找到了好工作。但是所有的好运，背后都是无数的努力。

高考后暑假时候，大家在新生群里爆照，一个男生发来一张他高三拍毕业照时候的照片，又发来一张近照，简直判若两人。高中时候一百八十斤，眼睛被挤得只剩一条缝，肥大的运动校服被撑得满满当当，顶着一头乱草似的头发。而近照上的他，虽然脸上还是有点肉，但是身型已经十分匀称，不复浑身是肉，松松垮垮的模样。群里的妹子纷纷问他如何做到的，他说暑假吃得很少，然后每天拼命去健身房锻炼，才达到了这个效果。

大一时候认识的D哥还是一个浑圆的胖子，在大学的四年里看着D哥越变越圆。一动就赘肉在颤抖。D哥比我大一届，毕业找工作的时候并不顺利，也许是形象的原因，一直没有找到理想的工作，考公务员的时候又以几分之差失之交臂。D哥非常黯然的回到了家乡，准备起了去英国读研的事情。之后很久没有联系，再一次聊天的时候，D哥已经从那个浑圆的胖子，怒减几十斤，成了一个结实的肌肉男。

后来看到D哥写的日志，在大四毕业后是他非常难熬的一段时光。因工作不顺利，体重又达到了人生的峰值。在万般无奈下才准备起了留学。按照D哥的话说，"认识的自己已经低过了底线"，出于想要改变的心态，D哥决定开始减肥。这个过程是非常辛苦的，一开始他在跑步机上跑了十几分钟就累得气喘吁吁，到可以坚持一个多小时。过了中午以后不管多饿都不会再吃一口，真正做了个"过午不食"。

某个朋友喊着要减肥已经许久。每天还是吃饱了饭躺在沙发上一边玩手机一边吃零食。当你好心提醒他去运动的时候，他又会找出种种的借口，"今天太累了，明天吧"。过不了几天，站在称上惨叫的还是他。当然，如果新年愿望上写"我要瘦"也算是减肥的一种的话，那么他也不是没减肥过的。

经常听无数人嚷嚷着要减肥，但是成功者总是尔尔，失败者总会说减肥太难了。而问起那些减肥成功的人秘籍，无外乎少吃，多运动。懒惰的人才会编出"不吃饱哪有力气减肥""不是不减肥而是敌人太强大"的段子，而真的去做的人，好身材就说明一切了。你叫了那么多句你要瘦，却从舍不得少吃任何一口。减肥药、一周二十斤减肥法，从来都不过是做美梦的人的安慰剂。接下来再来聊聊爱情故事。

之前曾经在微博上发过一个有关异地恋的真实故事。父母朋友的女儿，和男友异国了七年。两人是高中同学，毕业以后男生出国读书，女孩考上了国内某名校。七年里不是没有争吵和分离的，也不是没有诱惑和孤独。女孩从大学开始，就一直四处实习攒钱，为了假期的时候可以去澳洲看一下男友。而男生则在课余的时候去餐馆端盘子，去车行洗车，就是为了攒一张机票钱回来看女友。

这样的生活一直维持了七年，直到男生研究生毕业，回到了国内。两人在去年九月结婚了，举行了盛大的婚礼。异国恋终成眷属，在彼此最美好的年华里没有选择轻易放手，而是选择了坚持。还有前不久，微博上晒出的一对异地恋情侣，曾想过那么多次的放弃，最后又凭借几十次的互相鼓励而坚持了下来。那一沓厚厚的火车票，大概是支持他们走向婚姻最大的动力。

我们总说现在的人太浮躁了，说现在的社会没有了真爱。这世上有那么多人一边抱怨着要开始相亲度日，一边又罗列种种条件。强调家世，苛求学历，要求身高长相年龄，拒绝异国恋异地恋，林林总总，说到底不过是为了少麻烦。要求越精准，对方也越符合过下去这个要求。其实说到底，不是真爱少了，而是人懒了，再也没有了去为爱坚持的勇气，和付出一切去努力的决心罢了。那些把你感动得痛哭流涕的所谓正能量，不过是主人公比平常人多坚持了一点，多努力了一些。

　　见过很多人，总喜欢给自己定一个巨大无比的目标。有一个远大的梦想是一件很不错的事，但是实现远大梦想，靠的是一个个短期目标的相连。可是他们在定目标的时候就暗藏了懦弱的退路，脑海里怀着"既然目标那么难，那么做不到也没人怪我的吧？"的想法，然后拖拖沓沓，喊着苦喊着累，又随随便便地放弃了。你问起他们的时候，他们会找出无数冠冕堂皇的借口，却始终无力承认自己的懒惰。

　　也有人会整天说，"我努力挣钱有什么用呢？再怎么努力也比不上含着金钥匙出生的富二代。""我为什么要努力读书呢？那些高智商的人随随便便就能把题目都解开啊"，怀着这些说辞的人往往对自己的生活不满意，而又不愿意直面人生惨淡的最关键因素始终在自身。

　　见别人奔波受苦熬夜苦读，心满意足于自己的贪图享乐，见别人情商高朋友多，就觉得别人是这个婊那个婊，别人辛苦工作获得晋升，就觉得对方肯定是送礼拍了马屁，浑然忘了自个儿每天迟到早退，工作起来推三阻四。也忘了面子是别人给的，里子却是自己挣的。

　　什么都没干，就什么都想放弃。张嘴一来就是安享平淡，其实都是懒惰者的说辞。这想要的平淡里有花不完的钱，住着舒服的好房子，漂亮的衣服美好的食物，还有爱的人。你以为轻而易举，可是你看，这哪一样不得要费尽心思拼了命去奋斗？

　　特别喜欢《老情书》里面老太太的那段话：老和尚说终归要见山是山，但你们经历见山不是山了吗？不趁着年轻拔腿就走，去刀山火海，不入世就自以为出世，以为自己是活佛涅槃来的？我的平平淡淡是苦出来的，你们的平平淡淡是懒惰，是害怕，是贪图安逸，是一条不敢见世面的土狗。别在这辈子，活成了一个让自己都看不起的人。

{ 你能找个理由难过，也可以找个理由快乐 }

[1]

来公司的第一天，就碰到了A姑娘，因为她的体型和英文字母"A"如出一辙，头小，身子大，特别大的那种。

当时我抱着书包要进门，A姑娘拿着菜盒要出门，我本想身子侧一点就过去了，可是抬头看过去的时候，我只有乖乖的退回去，看着面前的一座大山移过去。

据公司同事八卦消息证实，A姑娘身高和体重一样，同是一百六十厘米，一百六十斤，如果跳进箱子里，不折不扣的正方形。我看着她低着头慢慢的走过去，把饭盒丢进垃圾桶，然后转身，脸上羞红了一片。

后来一段时间，我发现A姑娘性格特别腼腆，平时工作就呆在电脑前敲着键盘，划着鼠标，休息的时候外卖会准时上门，每次都是鸡翅，汉堡，大排，然后一个人吃饭，平时很少与人交流。

工作四年，最大的开销不是化妆品，而是吃。我开玩笑说，如果你化妆，估计会破产，那脸型堪比足球场啊！

她笑着一推我，差点没摔倒。

因为后来的一次公司运动会我们熟络了起来，因为我体育能力为负，而她负到底，所以游戏刚刚开始就被秒杀。我俩坐在公园的椅子上，她占大半。

其实A姑娘曾经有过一段苗条的时光，仔细回想起来已经是六年前了，当时身高一米六，体重不足一百，每次上称的时候身边都有闺蜜羡慕，看着指针停留在90斤左右，心里有说不出的满足感。

如果哪次指针突出一点，A姑娘会接连几天节食减肥，在最短的时间内恢复原样。在当时以瘦为美的校园时代，A姑娘是不折不扣的女神代表，也是宿舍室友的穿衣榜样，每次买衣服逛商场都会让A姑娘先试，按她们的话来说，小A穿着都不好看，那肯定不好看。

[2]

当时追求A姑娘的男生很多，喝多了爱情里的鸡汤，所以A姑娘恋爱了，对方是大她一届的学长，长相并不突出，喜欢穿着宽松的衣服，戴一顶棒球帽，走一贯嘻哈的风格。

A姑娘说，他和别人不一样，他写字好看，别人发短信打电话的时候，他给我写了一封信，具体内容不记得了，就觉得字好看，加上嘻哈风格的路线，有种特别感，瞬间在A姑娘心里好感倍增。

确定恋爱关系当天，请室友吃饭，对她们每一个人都很热情，说从小酷爱书法，并且对历史还颇有研究。热恋期间两人关系特别亲密，在第二年的暑假，A姑娘还随他回家见了父母。

本以为这段校园爱情会走进现实生活，可是还是不经意的结束了。

大四实习期间，A姑娘随学校去了上海，对方去了广州，刚开始还会保持密切的电话联系，在A姑娘生日那天对方还特意赶着火车奔过来给她过生日，因为这事A姑娘感动了很久。

可能外界的诱惑过于庞大，第三个月的时候对方发短信分手，A姑娘看到信息就回拨了过去，对方挂断，再回拨，再挂断，A姑娘眼泪瞬间决堤，发短信问他为什么？

对方说，一切就怪异地恋吧！然后关机。

A姑娘一个人横跨马路，不顾路人制止，痛哭着回家。

第二天就定了机票飞到了广州，然后转车来到他的公司，当时正值午饭时间，她亲眼看着对方挽着另一个女孩的手去楼下的咖啡厅。

A姑娘什么也没想就跑了过去，三个人相遇，一个人惊吓，一个人惊讶，A姑娘开口："你不是说败给了异地恋吗？现在我来了？"

可是对方握紧了旁边女生的手，内心无比坚定的吼了一句，让A姑娘滚，还说不要破坏我们！

A姑娘仅存的一丝幻想破灭，临走的时候还被人议论成了小三，在众人鄙视的目光下黯然离场。

心如死灰的A姑娘不知如何回的家，在飞机上望着窗外的云层，视线渐渐模糊。落地后连假也没请跑回家，把自己关进房间，痛了吃零食，饿了点外卖，半夜12点出门吃夜宵，然后大瓶的可口雪碧往下灌。半个月的时间，A姑娘的体重从最初的92斤上升到110斤。

闺蜜打电话劝她，不要为狗血的爱情浪费脑细胞，那样不值得。

可她说，分手了，一切都结束了，我还在乎那么多干嘛？

那段时间A姑娘以零食为生，平时就呆在家里看韩剧，专门挑那些分手被甩，小三上位，撞车失忆的那种。每次非把自己折腾成泪人才罢休。

[3]

过了那段悲惨的日子，A姑娘渐渐回过神来，开始后悔当初的自暴自弃，可那时A姑娘已经130斤，肚子像三月怀胎，当初的衣服全部换了一遍，在最短的时间内完成从s码到xxl的疯狂转变。

那时A姑娘想过减肥，可是已经心有余而力不足，每次准备运动节食的的时候，肚子就不争气，心想算了算了，就任由横向发展，不加克制。后来性格也大变，变得没有自信，在别人面前不敢言语，总觉得自己比别人差。

她说，生活就这样抛弃了我！

我说，生活不会抛弃每个人，除非你不够热爱。

那些轻轻松松就觉得世界黑暗，向生活妥协的人，永远体会不到真正的生活的意义，当你觉得自己就这样算了，其实是自己抛弃了自己，别人又如何拯救你？

你求上帝，告命运，说社会不公，爱情不明，生活不会开通特别通道，只能教会你，有些事从不必认真，也不必为狗血的事倾轧，不必为无聊的人浪费剧情，你身上的每一块赘肉，都是你向生活妥协的标志。

[4]

常把女人形容精致，对于自身保持洁身自好，对于爱情保持神秘向往，对于生活，容不得一点沙子。

热爱生活的人会疼爱自己，会把自己打扮的最佳状态，化美丽的妆容，穿得体的衣服，不允许身上出现一块赘肉，也不允许被人爱来爱去，不妥协每一份向往，不卑微每一份命运，在坚持和热爱中前进。

好的生活是有规律的作息，包括吃饭睡觉谈恋爱，早晨多起半小时去跑步，呼吸清晨的新鲜空气，和太阳一起日出。

晚上看书聊天看电影，逐渐把生活修炼成高质量的享受，可你总拿没时间来当做搪塞的借口，在各种紧急情况下向生活妥协，在时间面前被动的像是乙方，其实你只是从未用心，所以在赘肉和现实面前任其发展。

你总是在准备跑步的时候以好困为理由推脱，可是那些忍困跑步的人已经在向生活挑战了，然后10年之后，这世界上必定无疑又多了一个大腹便便的大妈。

生活就是这样，在你觉得将要得到的时候，它会告诉你不一定会长久；在你决定转身的时候，它又鼓励你要坚强。别急着说别无选择，别以为世界只有对错，你能找个理由难过，也可以找个理由快乐!

谁的成功
不是栉风沐雨

[1]

姑妈家的大表哥，一直是父母们眼中那种别人家的孩子。

从小到大，他都是两耳不闻窗外事，一心只读教科书，爱好学习，成绩优秀。家里面有整整一面墙壁，被用来承载他光荣的学习史。

每到逢年过节，大表哥都会被家族长辈们拉出来，当成学习楷模，然后对我们其他晚辈进行严厉的言语打击和深刻教育。

可以这么说，我们所有童年的阴影，很大一部分原因都与大表哥有关。

这种情况一直持续到大表哥高中毕业。

第一年应届高考，考试那几天他恰逢重感冒发挥失常，只是一个趔趄刚好过一本线。这对于一直便把985作为基本起点的表哥来说，自然无法接受，志愿都没填便扎进了复读的队伍。

那一年，他的体重由一百九成功降到一百四，所有人包括他自己都认为不说清华北大，TOP10至少没得跑了。

可造化弄人，成绩出来后，反而离重本线都差了几分。

家族的长辈们虽然都是和声安慰，但背后也都暗自嘀咕，这孩子应考能力不行啊，果然还是不能读死书……姑妈也不想他承受太大的心理压力，不愿意他继续复读。

167

［2］

　　我不知道那段时间大表哥是怎么熬过来的，他把自己关在房间里一整天，出来后便对父母做出了不再复读的决定，让姑妈他们松了一大口气。

　　我问他为什么放弃了，大表哥说，没必要把时间和青春耗在这里，后面还有机会。

　　其实我知道，很大一部分原因便是他不想让父母担心。

　　暑假过后，大表哥便拖着箱子决然地去了吉首大学。

　　大学期间，尽管仍可以经常听见他获得各类奖学金的消息，但长辈们终究不再将他当作别人家的孩子。

　　大四那年参加考研，他把目标定向了本专业的顶级学校：上海财经大学。第一年败北，但得益于成绩优秀，毕业后有银行向他伸出了橄榄枝，姑妈他们自然是非常高兴，可无论他们怎么劝说，一向乖巧听话的大表哥，都坚决地予以了拒绝。

　　后来家里因为这个事情越闹越大，很多亲戚也加入了劝说的阵营，大表哥干脆一个人提着箱子又回了吉首，在学校旁边租了房子，专心考研。

　　那年十一月份，我和同学去凤凰旅游，途经吉首，在车站旁边一家火锅店里，大表哥招待了我们。我询问他近况，他用一句还好便回答了所有。

　　其实我知道并不好，很明显他的眼神略显疲惫，而且相比以前又瘦了。现在的样子任谁都不会想到，他曾经是一个超过一百九的大胖子。

[3]

在去车站转车的路上，我几番欲言又止，最后他看出了端倪，笑了笑说你是不是想说我为什么宁可过这样的日子，也不愿听你姑妈的，选择去银行工作？

我委婉地说，我只是觉得如果当时就参加工作，几年的沉淀未必就会太差。

他看了我几眼说，你说得对，未必会太差。但我也没错，因为我想更好。

我小心地问，万一又没有考上你准备怎么办？

他顿了顿，说我知道你们都认为我偏执，但其实我没有，我只是在我还奋斗得起的年纪里，绝不容许自己选择妥协与放弃。

上车后，我望着他瘦弱的身子套在红黑相间的羽绒服里，形单影只地踏往回去的路，最后一点一点地消融在熙攘的人群中。

他对这座城市或许没有多少热爱，梦想成为了唯一让他在此驻留的理由。那一瞬间，我突然觉得有些感动与难过。

同行的同学说，其实你表哥没有骗你，他是真的很好，就和我们旅游一样，再累也觉得开心，我们体会不到他那种为了心中的信念，不断奋斗的乐趣而已。

或许老天和他开玩笑上了瘾，大表哥二次考研再次败北，这时候父母以及家族里的长辈们都不再言语，只是暗地里为他当时拒绝银行的决定而摇头叹息。

虽然他再次选择了拒绝调剂，却也没有再说继续坚持，而是默默地在长沙找了份工作，和普通的上班族一样，工资三千，朝九晚五。唯一不同的便是，在这座号称娱乐之都的城市里，下班后他不向往其他人所热衷的夜生活，而是选择关在房间里埋头耕耘自己的梦想。

幸运之神终于在第三次考研后降临，他收到了上财的录取通知书。我祝贺他，说恭喜你再次成为别人家的孩子。

大表哥笑了笑，一脸神秘地打趣道，这才中途而已，可不是终途。

果然，几年后他又收到了斯坦福大学的offer。

在家庭庆功宴上，大表哥梳着油背头，西装革履，人模人样。我突然忆起了那年在吉首汽车南站，他的眼神写满疲惫，裹着红黑相间的羽绒服，在寒风中向我挥手告别。

[4]

如果不是那个记忆犹新的场景，我差点就忘记了他曾将自己置身在举目无亲的湘西边陲小城里，只为让自己远离流言蜚语，也忘记了他是怎样独自忍受着孤独，又是怎样一个人对抗着整个世界。

或许，世人皆是如此。

在别人登顶巅峰的时刻，我们都习惯惊羡于他绽放出的万丈光芒，却不能尝试将目光移到他的身后，探寻他来时的方向，那里才真正隐藏着助他翱翔的秘籍与宝藏。

在寻梦的路上，初出茅庐的你满怀憧憬，意气风发。可慢慢地你便动摇了最初的信仰，眸子亦逐渐淡失了昔日的清亮，甚至某一天当你拿起别在腰间的鼓槌，却发现它早已腐蚀在现实的风雨里，最后你跌倒在比肩接踵的人潮中，惊恐地看着自己鲜血淋漓的伤口，仓皇逃离。

你颓然地坐在原地，努力安慰自己，成功者只是源于上帝的垂青，梦想本就只能是梦想，它的幻灭正是自己成长的证明。

可你从没想过，哪一份自信从容的微笑背后，不是烙满汗水与泪水浸润的脚印？而春天之所以如此温暖，不也是因为历经了整个寒彻萧瑟的隆冬？

别再喊痛，喊累，责骂现实的残忍，痛斥上帝的不公。现实凭什么对你温柔以待，上帝更是没有闲情对你施以不公。

弱者才习惯把自己不能坚守而被现实磨灭的梦想，当成世界欺骗自己的理由。而强者，却把自己的梦想熬成了别人眼里的鸡汤。

谁的成功不是栉风沐雨，谁的人生不是斩棘前行。

{ **无论什么时候，**
找到自己，才会自由 }

很多人都想开咖啡馆，我一度奇怪为什么咖啡馆会让那么多人心心念念？后来发现，咖啡馆、小餐馆、奶茶店、小客栈、淘宝小店……这些梦想指数高的关键词，它们有一些共同的特性：

1. 能够获得一份收入

2. 入门较简单，不需花费过多成本和精力

3. 自己说了算，不牵扯太多团队合作

4. 美美哒

5. 面向流动人群

想开这些店的人，潜台词是：

我想过自由的生活，有点钱，够日常支出就好；有点闲，能慢下来，享受过程的美好；有趣，能认识更多朋友。

维持平衡就好，有钱但忙到死，有趣但穷到哭，有闲但无聊得要命，都不算一个好状态。如果没钱没时间还无聊，光是想想都生不如死呢。

那么问题来了，如何才能达到平衡的状态呢？相当一部分人会说："我很想辞职，不想被老板骂，不想挤高峰期的地铁，不想周末加班还没有加班费，不想一年只有7天假期想请假出去旅游的时候还要看别人的脸色，但我不知道辞职以后干什么？""我很想自己做点什么，但想了好几年，也没有勇气真的放弃现在的生活。"

因为我已经自由职业了一年，总有人询问感觉如何或怎么维生，所以决定写一写这一年来的感受。

自由职业者，首先要职业，然后才自由。

单枪匹马出来混，总得有个技能傍身（资源人脉开挂，有雄厚经济基础的自动略过），一技之长是提供个人价值并因此获得回报的前提。不具备职业性，辞职后即使拥有了大把时间，也感受不到自由，因为时间都花在焦虑上了，焦虑生意没法走上正轨，焦虑没有客源，焦虑没有稳定的现金流，有的是让你大把掉头发的麻烦等着，哪还有悠然自得的心情。

大多数人在第一步就卡住了，"可是我什么都不会啊？"

能理直气壮说出这句话的人，应该写封感谢信去给老板，感谢老板雇佣了你，给了口饭吃，什么都不会了，还要什么自行车（不对，要什么假期，要什么不坐班，要什么有趣还美美的）？！

不要找借口，说什么我没本事，没机会，没平台，你之所以不会，就是因为懒。

怎么拥有一技之长？

首先记住——辞职前不会干的事情，辞职后大多也不会干。

不要想说等我辞职后，再去学个什么什么，不管工作有多忙，学一项技能的时间一定是可以挤出来的。

在有工作保障的时候，就应该开始为自由生活做内测，是的，自由职业和其他创业一样，需要反复摸索实验失败爬起后才能趟出一条阳光大道。辞职以前，试着做这些事情。

1. 花钱

趁有钱可花的时候，学会怎么花钱。免费的东西是最贵的，它用很差的质量占用了你的带宽，抢占了你享受好东西的时间。不要吝啬花钱，网上固然有看不完的免费资料、公开课、论坛讨论，但基本上停留在入门级，想要深入下去，不妨花一点钱，去买专业书籍，请专业人士培训，去专业的店铺体验，花钱买别人长期累积的专业和视野，买别人已经实验论证过的正确方法，是很划得来的买卖。在掌握正确方法的情况下，学会一项谋生技能，1-2年就足够了。

2. 花精力

就算是个自由职业者，你也不是一个人在战斗，前期累积的资源、人脉、平台越多，后期才越容易产生连接并实现合作。去认识与技能相关的群体，并加入他们。就职的公司能够提供平台当然最好，如果目前的工作和将来自由职业的方向没有一点关系，那也不要紧，这个时代提供了大量由兴趣连接的社交工具，花点时间，保持开放的心态，坚持在正确的社交平台上发出自己的声音，或许会有意想不到的收获。你是最常接触的五个朋友的平均值，如果五个最好朋友都是安分守己的上班族，那么你自己成为一个安静美男子/少女的几率是多大呢？

3. 花时间

热情有，方法有，跨出了第一步，更多的人会跌倒在第二步，热血地学习了一段时间后偃旗息鼓，虎头蛇尾最后不了了之。所有事情都是"略懂略懂"，真的要成为事业那还且着呢。这个时候，最重要的是养成一个好习惯，形成一个新习惯起码需要连续坚持21天，保持下去则需要坚持100天，达到牛逼级别需要花掉10000小时，想想你为此投入了多少时间？请不要再说"我就是什么都不会""我没有这种本事"之类的话了。你不会，不就是没有花够别人花的时间吗？

4. 心态调整

那些说"没有勇气放弃现在生活"的人，要解决的不光是能力问题，还有心态问题。害怕挑战、不敢放弃、逃避选择，说白了，不是真的想要改变，只是想什么好处都占着。改变都有风险，但一成不变的风险更大。

学会放弃，一无所有的时候还好，年纪越大越不容易做到。但年纪大并不是借口。种一棵树，最好的时间是10年前，其次是现在。没有什么时候是最好的开始时机，虽然90后年纪轻，可是60后心机重啊。

学会接受挑战，自由职业者如同单口相声演员，出场以后一两个包袱没抖响，心情就开始沮丧了，既然选择站在舞台上，有没有观众反馈，都要保持highhigh的状态直到谢幕为止。要相信，所有的努力都不会白费，重要的是坚持做下去。而在职时提前演练，抱着失败了也没关系的念头，在心态上会平和很多。

5. 保持敏锐

自由职业需要保持紧张感，而上班久了，习惯寻求安全感，反应速度慢，自主性差，靠别人推着才会走一走。刚辞职的时候，我每天必须打开outlook看好几遍（以前上班，一天要刷新几十遍邮箱，不断处理来自四面八方的工作邮件），脱离了邮件，居然不知道自己该干什么好。不能自主驱动从始至终做一个完整的项目，就只能做一颗流水线上的螺丝钉，成为抽几巴掌才会旋转的陀螺。简单说，首先要成为一台发动机，把电源动力掌握在自己手里才行。

说了这么多，为什么有时候上班给人感觉那么不好，因为你还没有找到一个完整的自己，这个完整的你，可以实现自循环，不因职业岗位领导同事的改变而改变自身属性，没有自由职业意识的人，觉得工作在为别人打工，自己无非是挣钱糊口。当你把重心放在自己身上时，才会感到无论做什么事都是别人在为自己打工，工作是为自己积攒资金、人脉、资源和方法论，帮助建立一个完善的自品牌。

大多数人把时间刷微博微信看韩剧逛淘宝买包包花掉了，因为他们并不知道如果不这样，还能为自己做些什么，才能抚慰日日焦躁而疲惫不堪的心。如果想摆脱现有困境，成为一个工作生活平衡的自由职业者，就要先去找到自己，想明白"我是谁""我想做什么""我该怎么做"的问题。

　　有时间不代表有自由，工作很忙也不代表木有自由，无论什么时候，找到自己，才会自由。

{ 抚平恐惧才是 正确对待恐惧的态度 }

我害怕黑暗。不是在我的房子里的黑暗，也不是什么潜伏在我的床下的东西。这些恐惧很久以前就消退了。不，我害怕在黑暗中与外界隔离。

我并不总是这样。在高中的时候，我经常在较晚的练习或学校活动后通过一个大的牧场走路回家，它在一个长长的山脊顶上。这些夜晚都是漆黑一片。没有路灯，没有电视的辉光，没有汽车射着的远光灯。只有开着的牧场，遥远东边的诺纳德诺克山漆黑的剪影，和山上陷入梦乡喘着粗气的驮马。穿过这片黑暗是梦幻的，浪漫的，大胆的。孤独是肯定的，但它很美味又不受拘束。

当我搬到了有更多人居住的地方，更多地了解世界是多么艰难时，那种自由的感觉改变了。多年后，在我必须带狗去散散步或在夜晚拜访邻居时，恐惧仍然紧紧抓着我。那些阴影里是什么？报纸上那起入户抢劫的新闻报道呢？如果司机开得太快而没有看到我来不及转弯会怎么样？如果他们故意不转弯怎么办？遇到野狼呢？如果我的腿断了，电话丢了会怎么样？

对付恐惧，最简单的答案就是避免它。呆在里面，别招惹动物。但最近，我决定为一个5K比赛训练，为了一个解决和阻止家庭暴力的组织筹集资金。我想支持这项工作，我想有了我的第一个孩子后回到原来的身材（一段产后困难的时期）。

条件？我可以适应训练跑步的唯一时段是——你猜对了——晚上。当天黑了，不是黄昏，不是黎明，是一片黑暗。想想被招惹了的动物。

我不能隐瞒，开始几次很艰难。在柴油卡车隆隆声中，我吓了一跳，活跃的德国牧羊犬上山几乎让我心脏病发作，它爆发出了疯狂的叫声。它总是受到约束，但仍然敏感——我的神经系统会把每一点信息作为一个坏了，坏消息的标志。这种外部恐惧之后会放大内心的恐惧：我跑不好的。我从来都不适合。我只是会让自己尴尬。我不能成功。你知道，这真是太可笑了！

显然，我的消极思维正在加大已经超过实用性的我的压力。我必须弄明白如何用某种方法应付这种负面的压力或者恐惧会为我做出我的决定，而这些决定不会为我好。

结果，目标本身帮我破解了我的一些恐惧：参加5K的赛跑对我有真正的价值。它对我的健康是非常重要的，它具有重要的象征意义，因为这意味着我在取回我生活的一部分，这部分在当母亲的最初几个月中一直处于默默无闻的地位。我也会一直为一个有意义的社区做贡献，我的使命比我的恐惧更重要。

有了这个核心力量，我能够做三件事。

首先，我找到了一些时间来挑战我的世界末日想法的真理，剥夺它们的权力。

其次，我为我的努力喝彩，用当我最好的朋友在为比赛训练时，我会为她加油的方式为自己鼓劲。我写了一段令人鼓舞的句子，为了看一眼恐惧和疑虑究竟什么时候出现。

最后，我采取了实际的措施来减轻我的恐惧。我带着我的狗，即使她不是最好的跑步搭档，但她的出现使我感到安全。我把我的手机放在里面的口袋里。当我跑步的时候我听着有趣的播客——一只塞在耳朵里，一只没塞以防皮卡车来了——我穿着反光背心，和有着前照灯及反射条纹的鞋。我在facebook上发布了我的跑步，给毫不掩饰地激动的为跑步新手加油喝彩的跑步朋友加了标记。

我的恐惧并没有消失，但所有这些行动有助于建立自己的适应力（更多地了解那是什么），我更能自我控制了。现在我能听到蟋蟀和青蛙唱歌，享受孤独，不再只因为可怕的爆裂声和树林里的叫声而跳起来。

我参加了赛跑。我丈夫和儿子都在终点等着我，挤在成千上万的人之中。当我看到他们时，我举起我的胳膊，笑了笑。我丈夫对我小而强大的成就充满了骄傲的。我也是。

如果你看起来眼中正含着这样或那样的恐惧，我把这个故事提供给你。问问你自己，我的使命是什么？有什么比恐惧更重要？当你有了那种坚强的力量，你可以做培养适应力的工作（做起来感觉真的很好）。检验和挑战你恐惧式的思想。庆祝你小小的胜利。现在采取实际手段，抚平你的恐惧。

然后出门参加你的赛跑吧。

{ ## 含着眼泪的
成长更美丽 }

那些看着没心没肺的孩纸，并非他们没心没肺只是在掏心掏肺以后，换来的撕心裂肺，所以他们学会了伪装。痛过，才知道如何保护自己；哭过，才知道心痛是什么感觉；傻过，才知道适时的坚持与放弃，每一个勇敢的孩纸，都在含着泪成长！

[幸福这座山，原本就没有顶、没有头]

幸福是什么？幸福就是牵着一双想牵的手，一起走过繁华喧嚣，一起守候寂寞孤独；就是陪着一个想陪的人，高兴时一起笑，伤悲时一起哭；就是拥有一颗想拥有的心，重复无聊的日子不乏味，做着相同的事情不枯燥，只要我们心中有爱，我们就会幸福，幸福就在当初的承诺中，就在今后的梦想里。

一个人总在仰望和羡慕着别人的幸福，却发现自己正被别人仰望和羡慕着。幸福这座山，原本就没有顶、没有头。不要站在旁边羡慕他人幸福，其实幸福一直都在你身边。只要你还有生命，还有能创造奇迹的双手，你就没有理由当过客、做旁观者，更没有理由抱怨生活。你寻找到幸福了吗？

幸福不是你房子有多大，而是房里的笑声有多甜；幸福不是你开多豪华的车，而是你开着车平安到家；幸福不是你的爱人多漂亮，而是爱人的笑容多灿烂；幸福不是在你成功时的喝彩多热烈，而是失意时有个声音对你说：朋友别倒下！幸福不是你听过多少甜言蜜语，而是你伤心落泪时有人对你说：没事，有我在。

如果彼此出现早一点，也许就不会和另一个人十指紧扣。又或者相遇的再晚一点，晚到两个人在各自的爱情经历中慢慢地学会了包容与体谅、善待和妥协，也许走到一起的时候，就不会那么轻易地放弃，任性地转身，放走了爱情。没有早一步也没有晚一步，那是太难得的缘分。

[人生，没有永远的爱情]

爱情是一点动心，爱情是一种默契，爱情是一种巧遇，爱情是一个约定，爱情是一句誓言，爱情是一个憧憬，爱情是一种执着，爱情是一种忠诚，爱情是一种守望，爱情是一屡思念，爱情是一丝惆怅，爱情是一声叹息，爱情是一种哀怨，爱情是一种痴迷，爱情是一种怀念！

人生，没有永远的爱情，没有结局的感情，总要结束；不能拥有的人，总会忘记。人生，没有永远的伤痛，再深的痛，伤口总会痊愈。人生，没有过不去的坎，你不可以坐在坎边等它消失，你只能想办法穿过它。人生，没有轻易的放弃，只要坚持，就可以完成优雅的转身，创造永远的辉煌。

在爱情没开始以前，你永远想象不出会那样地爱一个人；在爱情没结束以前，你永远想象不出那样的爱也会消失；在爱情被忘却以前，你永远想象不出那样刻骨铭心的爱也会只留下淡淡痕迹；在爱情重新开始以前，你永远想象不出还能再一次找到那样的爱情。在爱情没开始以前，你永远想象不出会那样地爱一个人；在爱情没结束以前，你永远想象不出那样的爱也会消失；在爱情被忘却以前，你永远想象不出那样刻骨铭心的爱也会只留下淡淡痕迹；在爱情重新开始以前，你永远想象不出还能再一次找到那样的爱情。

简单，最美，平凡，最贵。

人生有三样东西是无法挽留的：生命、时间和爱。你想挽留，却渐行渐远。人生最痛苦的，并不是没有得到所爱的人，而是所爱的人一生没有得到幸福。离开的你，我等不回来；失去的爱，我找不回来；纵然一切已成过眼云烟，我依然守候在这里，直到看见你得到幸福，我再转身，微笑着，静静地走开。

生活就是理解，生活就是面对现实微笑。生活就是越过心灵的障碍，平静心性，淡泊名利。生活就是越过障碍注视将来。生活就是自己身上有一架天平，在那上面衡量善与恶。生活就是知道自己的价值，自己所能做到的与自己所应该做到的。生活就是通过辛勤的双手，创造给力的幸福!

一个人一眼能够望到底，不是因为他太简单，不够深刻，而是因为他太简单，太纯净。这样的简单和纯净，让人敬仰；有的人云山雾罩，看起来很复杂，很有深度，其实，这种深度，并不是灵魂的深度，而是城府太深。这种复杂，是险恶人性的交错，而不是曼妙智慧的叠加。简单，最美!

假如有一天你想哭，打电话给我，不能保证逗你笑，但我能陪着你一起哭；假如有一天你想逃跑，打电话给我，不能说服你留下，但我会陪着你一起跑；假如有一天你不想听任何人说话，callme，我保证在你身边，并且保持沉默；假如有一天我没有接电话，请快来见我，因为我可能需要你!

听着你哭的时候，其实我感觉自己在流着血。毕竟曾经相知，又不容易的相爱。与时间赛跑的日子，你自己会觉得累，我自己一个人的时候也是如此。所以我们现在选择共同去迎接新的一天，不只是会去想和你共同的迎接新的一天，并会去做。只是现在我不知道该怎么继续的去面对你，因为你选择了相信自己的感觉。

［心放开一点，一切都会慢慢变好］

最使人疲惫的往往不是道路的遥远，而是你心中的郁闷；最使人颓废的往往不是前途的坎坷，而是你自信的丧失；最使人痛苦的往往不是生活的不幸，而是你希望的破灭；最使人绝望的往往不是挫折的打击，而是你心灵的死亡；凡事看淡一些，心放开一点，一切都会慢慢变好！

你改变不了环境，但你可以改变自己；你改变不了事实，但你可以改变态度；你改变不了过去，但你可以改变现在；你不能控制他人，但你可以掌握自己；你不能预知明天，但你可以把握今天；你不可以样样顺利，但你可以事事尽心；你不能延生命的长度，但你可以决定生命的宽度。

乐观是失意后的坦然，乐观是平淡中的自信，乐观是挫折后的不屈，乐观是困苦艰难中的从容。谁拥有乐观，谁就拥有了透视人生的眼睛。谁拥有乐观，谁就拥有了力量。谁拥有乐观，谁就拥有了希望的渡船，谁拥有乐观，谁就拥有艰难中敢于拼搏的精神，只要活着就有力量建造自己辉煌的明天！

当明天变成了今天成为了昨天，最后成为记忆里不再重要的某一天，我们突然发现自己在不知不觉中已被时间推着向前走，这不是在静止的火车里，与相邻列车交错时，仿佛自己在前进的错觉，而是我们真实的在成长，在这件事里成了另一个自己。

［痛过，才能够成长］

痛过，才知道如何保护自己；哭过，才知道心痛是什么感觉；傻过，才知道适时的坚持与放弃；爱过，才知道自己其实很脆弱。其实，生活并不需要

抱怨的人生没有希望

这么些无谓的执着，没有什么就真的不能割舍。

一个人时不喧不嚷安安静静；一个人时会寂寞，用过往填充黑夜的伤，然后傻笑自己幼稚；一个人时很自由不会做作，小小世界任意行走；一个人时要坚强，泪水没肩膀依靠就昂头，没有谁比自己爱自己更实在；一个人的日子我们微笑，微笑行走微笑面对。一个人很美很浪漫！一个人很静很淡雅。

明白的人懂得放弃，真情的人懂得牺牲，幸福的人懂得超脱。对不爱自己的人，最需要的是理解，放弃和祝福。过多的自作多情是在乞求对方的施舍。爱与被爱，都是让人幸福的事情。不要让这些变成痛苦。

在成长的路上，我们跌跌撞撞，哭哭笑笑，忙忙碌碌看人生匆匆，我们留下了什么又得到了什么？也许，在某一天，我们会让生活折磨得麻木不仁，但当我们走过了欢笑，泪水，孤独和彷徨之后，便会发现：还有这样一份永恒的感情，叫我们明白——有爱，就有幸福！在成长的路上，我们跌跌撞撞，哭哭笑笑，忙忙碌碌看人生匆匆，我们留下了什么又得到了什么？也许，在某一天，我们会让生活折磨得麻木不仁，但当我们走过了欢笑，泪水，孤独和彷徨之后，便会发现：还有这样一份永恒的感情，叫我们明白——有爱，就有幸福！

[爱自己，你会更快乐]

我们总会在不设防的时候喜欢上一些人。没什么原因，也许只是一个温和的笑容，一句关切的问候。可能未曾谋面，可能志趣并不相投，可能不在一个高度，却牢牢地放在心上了。冥冥中该来则来，无处可逃，就好像喜欢一首歌，往往就因为一个旋律或一句打动你的歌词。喜欢或者讨厌，是让人莫名其妙的事情。

缘分是件很奇妙的事情，很多时候，我们已经遇到，却不知道，然后转了一大圈，又回到了这里。一切的一切都是机缘，亦或是定数。所以，我们生命中所遇到的每个人，都应该要珍惜，因为你不知道这种短暂的相遇会因为什么戛然而止，然后彼此阴差阳错，再见面，却发现再也回不到过去，这将是多么可怕的事情。

　　我们，不要去羡慕别人所拥有的幸福。你以为你没有的，可能在来的路上；你以为她拥有的，可能在去的途中。有的人对你好，是因为你对他好；有的人对你好，是因为懂得你的好。成熟不是心变老，而是眼泪在眼睛里打转，我们却还能保持微笑；总会有一次流泪，让我们瞬间长大。

　　一个人不喧不嚷、安安静静的。一个人时会寂寞，用过往填充黑夜的伤，然后傻笑自己幼稚。一个人时很自由，不会做作，小小世界任意行走。一个人时要坚强，泪水没肩膀依靠就昂头，没有谁比自己爱自己更实在。一个人的日子我们微笑，微笑行走，微笑面对。一个人很美很浪漫！一个人很静很淡雅！

　　我们总会在不设防的时候喜欢上一些人。没什么原因，也许只是一个温和的笑容，一句关切的问候。可能未曾谋面，可能志趣并不相投，可能不在一个高度，却牢牢地放在心上了。冥冥中该来则来，无处可逃，就好像喜欢一首歌，往往就因为一个旋律或一句打动你的歌词。喜欢或者讨厌，是让人莫名其妙的事情。

　　亲爱的自己，不要抓住回忆不放，断了线的风筝，只能让它飞，放过它，更是放过自己；亲爱的自己，你必须找到除了爱情之外，能够使你用双脚坚强站在大地上的东西；亲爱的自己，你要自信甚至是自恋一点，时刻提醒自己我值得拥有最好的一切。

　　有个懂你的人，是最大的幸福。这个人，不一定十全十美，但他能读懂你，能走进你的心灵深处，能看懂你心里的一切。最懂你的人，总是会一直的

抱怨的人生没有希望

在你身边，默默守护你，不让你受一点点的委屈。真正爱你的人不会说许多爱你的话，却会做许多爱你的事。

每个人骨子里都有这样的情结：想拥有一个蓝颜知己或是红颜知己，既不是夫，也不是妻，更不是情人，而是居住在你精神领域里，一个可以说心里话，但又只是心灵取暖而不身体取暖的人。在你受伤时，第一时间会想起他/她，是你一本心灵日记，也是你生命中一个最长久的秘密。

别人拥有的，你不必羡慕，只要努力，你也会拥有；自己拥有的，你不必炫耀，因为别人也在奋斗，也会拥有。多一点快乐，少一点烦恼，不论富或穷，地位高或低，知识浅或深。每天开心笑，累了就睡觉，醒了就微笑。

第五章

别让它们
成为绊脚石

{ 别把你的梦想 拒之门外 }

　　每个人都有自己或大或小的梦想，有的天马行空，有的平凡简单。而小时候我的梦想是拥有一家填满零食的小店铺，无论我怎么吃，都剩余有吃不完的美食。长大后，我的梦想是成为一名小小的作家，写很多很多的故事，创造一个或好几个和我有相似经历与情感的人物，无论我怎么疲惫，我都不会放弃实现它的信念。

　　梦想无论怎么模糊，无论怎么贫穷，无论怎么颠簸，它总悄悄潜伏在我们的心底，即使微小，即使脆弱，它依然与我们的人生长久相伴。在某个安逸或迷茫的时刻，它总会像一支振奋人心的党歌，在我们耳边响起，使我们的心境永远得不到宁静，直到梦想成为无可非议的事实。

　　我们都是偌大世界里普普通通的一个人，每天在形色匆匆的人流中奔走，穿行于成功与失败之间；我们都是生活辛勤的耕耘者，没日没夜在嘈杂喧嚣的环境中忙碌；每一件简单琐碎的小事，我们都会费尽全部心思，将它认真解决，即使无关痛痒，也会全心全意，因为它关乎我们明天的快乐。

　　我们都一样，一样的善良，一样的坚强，一样全力以赴追逐我们的梦想。

　　我们都一样，我们无法改变出身，我们无法改变天生某个的残缺，我们无法掌控命运，但我们可以掌握一颗年轻的心，从不会把自己的梦想推向绝路。

　　在看2014年10月4日的《我是演说家》节目时，意外收获一份心灵的洗礼，一份关于成长的感悟。

中央人民广播电台，现在是北京时间十点整。晚上好，我亲爱的听众朋友们，欢迎收听调频106.6兆赫，中央人民广播电台文艺之声的《广播故事汇》节目。我是主持人丽娜，下面这个美好的夜晚，我特别想邀请你和我一起抛开一切的烦恼和疲惫，让自己的心安静下来，静静地去聆听一个盲人女孩追求梦想的故事。

八年前，一个盲人女孩独自坐上了从大连开往北京的列车，这是她第一次一个人离家，而且面对的是一个充满了未知的未来；但是她还是独自毫不犹豫前往了，因为这是她等了很久很久的一次机会，一次可能让她抓住梦想的机会。是的，这个女孩就是我。

我还记得我刚上盲校的时候啊，才不满十岁，那个时候呢，老师就天天告诉我们说，以后啊你们一定要好好地去学习推拿，因为这将是你们以后唯一的出路。如果有人告诉你们说，你们、你们所有人都只能做同样的一件事情，去过同样一种人生的时候，你会有什么样的感受。我真的不能够明白，为什么人生刚刚开始就能够看到结局呢。我为什么不能像其他人一样的去选择自己想要的生活，去做梦。如果我连做梦都不行都不敢的话，还怎么能谈让梦想实现呢。

那是2006年的一天，一个特别偶然的机会，我在网上看到了北京的一家公益机构，它可以帮助盲人朋友学习播音主持。哎呀，我特别的幸福，其实那时候我一点也不了解播音主持是什么，它需要什么样的一个素质，可是我就想抓住了一根救命稻草一样，还是欣然的放弃了所有的工作，踏上了来北京的列车。我告诉自己，我一定要一个新的开始。

现在，我还特别清晰地能够回忆起第一次上播音主持课的情景，应该说那是我人生当中真正意义上的第一堂课。当老师发出第一个声音的时候，我一下子就被他的声音吸引住了，第一次知道原来声音可以具有这么大吸引力，而且让你觉得不舍得去触碰它。就因为这些我爱上了播音，我开始拼命的去练习，每天除了睡觉之外，可能所有的时间都在摸着盲文，去练习着每一个字的发音；确实累，但是觉得很幸福，因为我终于看到了希望，因为我终于找到了我最想要的东西。后来我参加了一个朗诵比赛，我是他们当中唯一一位盲人选手，而且获得了一个还不错的成绩，一个二等奖。之后，有一位评委，她找到我说："我是敬一丹，你想去中央人民广播电台吗？"天哪，你知道我听到这样这样的话会是什么样的反应吗？中央人民广播电台那是所有播音人心中的梦想，对不对？那是所有播音员心中的殿堂对吗？所以我当然想去。一个特别我记忆犹新的冬天清晨，一丹老师她拉着我的手，走进了中央人民广播电台的直播间，我坐到了电台的话筒前，又完成了我生命中的又一个第一次。那天我真的像得到礼物的孩子一样，我觉得特别的兴奋，全世界都听到了我的声音。

我想说曾经不懂事的时候，我也抱怨过命运的不公平；但是我现在并不这么认为，我会觉得命运不管如何，他不会把你逼上绝路。有时候我在想，如果我真的能够看得见的话，可能就不会像现在这样，真的去寻找一种不一样的人生。今天是2014年10月4号，跟我当初来北京到时候是同一天。站在我是演说家的舞台上，透过手中的这支话筒，我特别想对所有的视障人员说一句：命运虽然给了我们一双看不见明天的眼睛，但是他并没有给我们一个看不见明天的未来；我可以接受命运特殊的安排，但是绝不能够接受自己还没有奋斗过就过早地被宣判，不要把自己的梦想逼上绝路，你的潜能比你想象中更强大。

在这冷暖交织了的社会中，愤怒改变不了我们窘迫的现状，颓废改变不了我们失败的事实，抱怨改变不了命运冥冥之中的安排；我们要学会处变不惊，学会用汗水洗涤失败的痛苦，学会用坚强去战胜颓废后的失落，学会用微笑去对抗命运的不公，学会用独立去代替依赖。命运设下的种种漩涡与陷阱，并不是为了迎接你华丽的摔跤或碰壁，而是为了让你在充满压力与危险的处境

别让它们成为绊脚石

里，学会一个人独立成长。

那些年，那些月，那些天，那些夜，很多的事情很多的人，我们都不能把他们强行占有，自私贪婪将他们绑在身边，不能给他们最好的照顾与温暖，并不是我们的过错，而是我们成长的需要。在我们曾经爱过他们那些短暂岁月里，我们或许是世上最幸福的人，只是那些日子已成过去，要留也留不住，我们要做的是更加的坚强，不为活着，只为让他们看到，我们平平安安的。关于爱情，我们都知道爱有时候不可以乞求，如果我们能够为爱情做一件事，甘愿为爱冒一次险，那便是长久的等待，哪怕到最后只剩我们当中一人孤独终老，也没有丝毫的怨恨，因为爱过，便会无悔。

我们要学会知足常乐，在平淡如水的日子里演绎那个不平凡的自己，用一颗简单的心去感受生活的波澜壮阔。很多时候，我们富了口袋，但穷了脑袋；我们有梦想，但缺少了思想。在我们孑然一身的时候，其实我们并不是真正的贫穷，因为我们还有口袋里沉甸甸的梦想。

我们都一样，一样的善良，一样的坚强，一样全力以赴追逐我们的梦想。

我们都一样，我们无法改变出身，我们无法改变天生某个的残缺，我们无法掌控命运，但我们可以掌握一颗年轻的心，从不会把自己的梦想的绝路，而是将它好好呵护，让它在风雨之中长出一片片嫩绿的青葱。

{ 唯有脚踏实地的努力
才能换来好运 }

几个月前，远房的表姐要我帮她修改一下简历。看了简历，我倒吸了一口凉气。一张粗制滥造的word表格，寥寥几行，信息不详，不像是简历，倒像是一份个人信息登记表，分明是向看简历的人暗示：本人无法胜任。很难想象，这出自一个有着十几年工作经验的人之手。

家乡是北方的二三线城市，表姐的收入远低于当地的工资平均线，在一家小公司任劳任怨工作了十余年，若不是因为领导的一次安排让她觉得遭遇了不公平对待，恐怕这辈子也想不到要换工作。

可是这件事之后，她受了大委屈，原本以为自己是公司不可或缺的资深元老，没有功劳也有苦劳，却不想在老板眼中只是个连新来的临时工都不如的小角色，于是她感到愤愤不平，铁了心要换工作。家人都说，这是好事，毕竟当下这份工作实在是没有任何前途。

单看眼前这份简历，我是丝毫看不出她有多大的换工作的决心。我耐着心跟她讲简历应该怎么写才能吸引眼球，又找出几个范本，过了几天，她总算照着葫芦画瓢，抄了一份勉强能看的简历，开始了换工作之路。

几个月后，工作还是那份工作，表姐还是那个表姐。我一问，一次面试也无。细聊之下，原来表姐只投了几家她认为所谓合适的公司，当地为数不多的几家大公司。

我说："也罢，不着急换工作就慢慢等吧。"

表姐说："谁说不急？我当然着急了，可总要有合适的才行吧。"

我对表姐说："你一没学历，二没能力，你甚至都写不好一份简历，真给你一个大公司的工作机会，你又拿什么去胜任呢？为什么不现实一点，投点更符合要求的岗位，只要比你现在的收入高，也算是有突破啊。谁也不是一上来就有高起点。"

表姐想了想说："嗯，我这个人在有些问题上不愿将就。反正能做的都做了，剩下的就是碰了。"

我说："你显然没有把该做的都做了。首先，你随随便便弄了一份连你自己看了都不会雇佣你自己的简历，然后希望雇你的人是个傻瓜，居然会看不出来这件事。其次，你没有穷尽所有的选择，挖地三尺找出一切你适合的岗位，而是随随便便地在一家招聘网站上选了几个大公司。第三，你也没有为接下来可能的面试做任何准备，而是悠闲地在办公室喝茶浏览网页，把一切都交给所谓的'运气'，指望某天从天而降一份offer。你这是典型的'买彩票'心态。"

这些年，我见过太多人，怀着一颗买彩票的心去对待一切人生大事，不去付出，或者付出的远远不够，却指望以小博大中头奖，把梦想寄托在永远都够不到的事情上。虽然我没复习功课，但是万一蒙的每道题都对了呢？虽然我不美，但万一就有高富帅喜欢我这一类型呢？虽然我工作经验不足，但万一就有企业看上我呢？

面对失败，他们永远有最好的理由为自己开脱：运气还不够，缘分还没到，欣赏我的人还没来……

这类人群最不喜欢做的一件事就是"将就"，在现实面前无比"理智"的就是他们：枯燥乏味的工作不喜欢，不擅长的领域不适合，条件一般的另一半决定不考虑；在期望面前失去理智的也是他们：找工作要事儿少钱多，找对象要貌美多金，眼睛永远长在天上，双脚一直站在井里。

美国作家MatthewSweeney写过一本《彩票的战争》：在购买彩票上花销最多的人往往受教育程度更低、收入更少。事实也的确是如此，2008年的一项国内调查显示，当年最喜欢购买彩票的人多集中在经济不发达地区。其中一个重要原因可能就是成本投入小，却能为自己吹一个无比巨大的肥皂泡。

无端地给自己设定了无数的可能性，陶醉于命运之神降临时的无限荣光，甚至连获奖感言都已经想好，万事俱备，只差天上掉馅饼。可惜的是，从天而降的并不是馅饼，更多的时候是"鸟屎"，越是心怀侥幸的人，接的"鸟屎"就越多。于是你更加信命，也更加恨命，觉得自己时运不济，命运总欠你一个说法。

一个人有梦想，不安于平凡原本没错，否则和咸鱼还有什么区别？可是你有一万种方法去完成你的梦想，这其中偏偏就不包括做梦。仙度瑞拉的故事鼓舞了一代又一代的灰姑娘们，但是她们忘记了，在见到王子前，灰姑娘已经为自己换好了华服和水晶鞋，在那一刻，她并不是灰姑娘。

给你一个王子，你是否已经穿好了水晶鞋？这世上从来就没有无缘无故的缘分。命运是把锁，钥匙在自己手里，别把自己唯一的人生当作买彩票。

别让它们成为绊脚石

{ 不害怕平凡，
也不拒绝优秀 }

[1]

最近读到了一句很可爱很真实的话，"真实比优秀更可爱，也更容易优秀。"

在这句话之前，我也曾被另一句话激励过，"最可怕的是，比你漂亮，比你优秀的人比你更努力。"

是啊，从小到大，我就逼自己比别人更努力，起得比别人早，功课比别人做得认真，做事比别人勤快。可事实呢？我如此地努力，却没有比别人更优秀。

读初中时，同桌李晓波在整个学校是出了名的优秀。他小学读完5年级时就学了6年级的课程，直接升初中，然后读完7年级时，又直接跳级到9年级，中考以全校第一名的成绩考进市重点高中，学校和家长都很自豪。

而我呢？

无论怎么努力，都只在全校40名上上下下，中考时又因为紧张，没被任何高中录取，只得重新复读初三，从头来一次，苦苦熬了一年后，也只考进了一所普通高中，无人在意。

[2]

优秀是一种习惯，李晓波在优秀的路上慢慢习惯。

高一开始，他写的文章连连在诗刊、报纸上发表，获奖无数，为学校赢得一片声誉，被报刊媒体称赞为"天才少年"，毕竟他才14岁。

那一年高考，17岁的李晓波以优异成绩考进北京的一所一流名校。他在大学里更优秀，散文、诗歌、小说集结出版，被媒体冠以为青年人书写的"文字雕匠"。

而我呢？

高中三年，躲在教室最后一排角落里，读着《西游记》、《红楼梦》，看过一些经典文学，每天写日记，记录一些生活的"汤汤水水"，写考试作文都费劲，更拿不出一篇像点样的文章来。

和第一次中考一样，第一次高考以失败告终，又一次接受复读，19岁的我，辛辛苦苦才进了省内一所普通高校。大学的我加入过文学社，只会写点板报，只会写一些报告。

[3]

一直以来，我都自卑，李晓波是天才，我却如此平凡。

最近，我拾起笔，开始写一点幼稚的文字。每天熬夜码字，但交出去的文稿老是被拒。偶尔的一篇文章被媒体转载，被一部分读者认同的同时，也害怕再也写不出能被认同的文章。

优秀是一种瘾，但优秀的背后还有一种恐惧。如果有一天不优秀了，所有的能力都失去了，还有没有人喜欢，有没有人支持呢？

我需要找个人谈谈，便想到了李晓波，初中毕业后，就没再联系。辗转多个同学才要到他的电话，打通他电话，他人在西藏，信号不太好，我们约好在微信里聊。

"好久没联系，没见了，晓波。"聊完家常话后，我开始进入到我关心的正题。

"你还写文章吗？"

"偶尔写，已不投稿，全部压箱底了，不以此为生。"

"我记得，我们俩同桌时，谈论过关于成为作家的梦。"

"梦终归是梦，而且作家这份职业一点不高尚，大多穷困潦倒，熬夜写出来的东西老是被人嘲笑，特别是这个金钱至上的时代。"

"你不是出过书吗？文笔那么好。我最近动笔写字了，但很多次被拒稿，能给点想法不？"

"我给你的想法是，别对优秀上瘾，别被平凡吓退。"

[4]

李晓波告诉我，这些年他一度得了抑郁症，为自己不优秀抑郁。

李晓波还告诉我，优秀是一种瘾，但千万别上瘾，平凡才是唯一的答案。优秀的人陶醉于自己被喜欢、被羡慕、被崇拜的世界。

那些努力变得优秀的人其实过得并不好，对于目标的追求难以控制。优秀的人压力大，老害怕自己不优秀了，别人就会看不起自己。如果不努力做好，自己就会被抛弃。

李晓波说："我大学毕业后，以一个优秀者的身份在社会被抛弃，被拒稿上百次，上千次。我急躁焦虑过，以致写不出任何有价值的东西来。"

李晓波告诉我，其实人都平凡，不要急于优秀，不要为平凡焦虑，更不要被平凡吓退。一部分人优秀，在于真实的付出，做真实的自己，得到了一定程度的回报。

李晓波还告诉我，做回真实的自己，即使写不好，心无杂念也就不会有顾虑，写出来的文字反而更容易变得优秀。优秀不过是一个结果，没有你想的那么重要。

因为真实的自己更接地气，坦然面对不足和失败的人才最可爱，勇于接受不平凡，而不被平凡吓退的人最容易优秀。

他说："我猜，你被拒的那些文稿是你急于想被认同的心态下写出来的吧！而那些被采用，被接受，被认可的文字却是你心无杂念，一气呵成完成的。"

听他说完，我无言以对，很高兴自己仍不优秀，也够平凡，亦不会被平凡吓退。

{ } # 要想改变，
就必须行动

别花时间在那里想东想西的，站起来就是。起身去做点什么事，不但可以让我们的心思远离困苦的纠缠，还可以改变我们对困苦的感觉，缓解困苦所带来的压力。

我在一个人气很旺的网站上看到了一个孤零零的帖子，传上去有一段日子了，已经深深沉入了坛底，没有一个人给她回应。

她是这么写的：突然间发现自己竟然不知道怎么去爱一个人了。突然间发现好像没有人爱自己了。也许，人更多的时候要学会自己爱自己，但有时候竟然不知道该怎么去做。

深圳这几天冷了，还下着毛毛雨。我不喜欢下雨天。下雨天总让我心情跌落，总觉得孤独溢满全身。已经忘记酒的味道了，有一刻我拿起电话很想找个人陪我去喝上一杯。这些日子，我一直在对自己交代过去，从自恋到自剖，又从自剖到自恋。我觉得自己傻到极点，有时，我甚至觉得我不认识镜子里的自己。

成长的过程中，我总是处于"即将可以快乐"的地步。原本我以为考上大学的时候，"即将可以快乐"，可是等我到了大学，一切都没有改变。然后我想，等我毕业找到了工作，我就会快乐了，可是当我真的考上了公务员后，我还是不快乐。后来我又想，等我找到爱我的人，结了婚，有了小孩之后，我"即将可以快乐"，可是事实证明，还是没有改变。半夜醒来，看着睡在我身边的他，我竟然有点不认识他的感觉：他是谁？为什么睡在我身边？却又有那么熟悉的背影和体味。我试图去抚摸他，他却翻了一个身，背向着我。在这一秒，我觉得他离我好遥远、好遥远……我不喜欢遥远的感觉，觉得从心底酸到心头里。

好累哦！没工作的我怎么觉得如此累。我很想做一些改变，可是改变在哪里？该怎么去做呢？

每一天，我都活在这样的心情里，谁来帮帮我？

这几乎是我见过的，最简单真实的心情文字了。

我给她留言，只有我一个人给她留言，不知道她会不会看到我写的这一句话："别花时间在那儿想东想西的，站起来就是了。"我不知道，这句话能对她有多少作用。我希望，这句话至少能让她不要每天等在电脑旁，把自己的苦水倒在上面，痴痴地傻等"谁来帮我"。其实解决问题的办法很简单，就是挪动你的身体，动起来。人一旦行动，就肯定有"下一步做什么的打算"，一旦开始了"下一步做什么的打算"，一切都好办了。

有了"下一步做什么的打算"，我们才会把注意力集中在追求快乐上，而不是在避免痛苦上。

有了"下一步做什么的打算"，我们早上就有起床的动力，就可以让痛苦的时光好过一些。

给自己的生活一点目标或者企图吧！想一想有什么值得奋战的事。

是的，你要是想没有任何目标地痛苦地挨着、扛着、活着，谁也不会阻拦你，但何必呢！

生活的动机往往来自两样东西，不是远离痛苦，就是追求欢愉。

追求欢愉有什么不好？

要想改变，就必须行动！

别让它们成为绊脚石

201

别花时间在那里想东想西的，站起来就是。起身去做点什么事，不但可以让我们的心思远离困苦的纠缠，还可以改变我们对困苦的感觉，缓解困苦所带来的压力。

行动创造出目的。有了目的，我们才知道要往哪里去，去追求些什么。没有目的，生活就会失去方向，而成了麻木的人。为什么有这么多人不快乐？一个非常重要的原因就是因为他们的生活没有意义、没有目标，只知道唉声叹气，不知所措，却不知道改变一切的秘密就是——动起来！

动起来吧！去走走，哪怕去找点东西吃，对自己也是相当有利的，因为你不光从食物中得到了精力，尤其重要的是从心里获得了一股行动的热情。这股热情会越积越多，让你对事物有所企求，有所期待。那样，日子就好过多了。

{ 活着的每一天都应该是特别的日子 }

再也不要把好东西留到特别的日子才用，你活着的每一天都是特别的日子。

有朋友分享了个小故事：一对兄弟家住80层，一天外出旅行归来，遇到大楼停电，于是决定爬楼梯。兄弟俩背着行李爬到20层时，哥哥提议把包放下，等电梯来电后再拿。之后，他们继续向上爬。到了40层，两人实在累了，开始互相埋怨，指责对方不注意停电公告，就这样一路爬到80层时，却发现钥匙竟留在了20层的包里。

有人说，这个故事其实照应了人生：20岁前，活在众人期望之下，背负压力但充满梦想；20岁后，远离压力，开始卸下包袱追逐梦想；到了40岁，发现青春已逝，不免遗憾和追悔，在惋惜和埋怨中度过；到了生命尽头，才想起自己好像有什么事情没完成。原来，梦想都留在了20岁。

我闭上眼回想自己的梦想：在中学生国际奥林匹克竞赛上赢得奖牌、考上理想的大学、当一名大学老师、周游世界、去贫困地区做志愿者、拍一部纪录片……多么美好！睁开眼，那些美好的梦想原来都只在回忆里。人生好比爬楼梯，可又不同于爬楼梯，包裹留在20层还能回去找到，可梦想失去了却一去不返。

到底是什么，让我们将曾经执着追求的美好梦想都遗忘了？让我们把镜头拉回到20岁的青葱岁月。那时的我们可能刚走出校园，或是刚找到工作，开始远离父母的唠叨，不用再理会期望下的压力，渴望轻装前行。但梦想，却慢慢被忘记、抛弃。前行中，有时或许会想起被扔下的梦想，也许还动过重拾的念头。但现实生活的压力扑面而来，能力不足又尚不够成熟的我们，很快就放弃了拾起梦想的念头。结婚、生子、房子、车子、加薪、升职……梦想呢？没有它的位置！我们每天都很忙碌，甚至没有时间停下来想一想当初为什么出发，更别说被遗忘的梦想。

一晃就到40岁，此时已完全融入现实生活的我们，很少会纵向比较自我梦想的实现，而是更热衷于横向比较，比谁在物质上更富有、事业上更成功。不满于现状的人，陷入遗憾和抱怨，独独少了对自己的反思。压力太大、身不由己、人生苦短，都可以作为梦想搁浅的借口，却少有人去想，最初是自己丢弃了梦想。安于现状的人，也常会在舒适安逸中忘记了还有梦想等待实现。直到人生迟暮，许多人想起了年轻时的梦想，可惜已垂垂老矣，心有余而力不足。

梦想为何只能留在回忆里？读完故事，这个问题久久萦绕，却一直没找到答案。直至读到莫言写的一个故事。在故事中他讲述，一位同学的太太刚去世，这位同学在整理遗物时，发现了一条丝质的围巾，那是他们去纽约旅游时，在一家名牌店买的。他太太一直舍不得用，她想等一个特殊的日子才用。讲到这里，他停住了，好一会儿后他说："再也不要把好东西留到特别的日子才用，你活着的每一天都是特别的日子。"

"活着的每一天都是特别的日子"，多么震撼人心！带着这句话去思考梦想，能不能把生命的每一天都献给自己的梦想？如果不想在回首往事时叹息志未酬、梦未圆，就请别把梦想留在20岁的青春回忆里。

{千万别习惯了穷日子}

[1]

家里大扫除的舅舅要丢包垃圾，被我爷爷坚持拦了下来。

那包垃圾内容是什么呢？具体如下：一把老锁头、一副破了的老花镜、还有几根爷爷在路上捡来的鞋带和几个废纸盒。

爷爷的理论是：不管什么时候你有好日子都不能忘了穷日子！浪费可耻！坚决让舅舅把东西放回去。

对此，我舅舅极其无奈地问："爸啊，我现在拼命挣钱，不就是为了过'好日子'！不然挣钱是为了啥，难道就还是让你们这样把好歹一万多一平的房子堆废品的？"

诚然，放眼望去，家里哪个角落都堆着爷爷的东西。可能是一块海绵、一堆旧报纸——这都是他捡来的"宝贝"。

"万一有用呢？"他永远这么说。

可问题是，我们都知道那些东西估计永远也等不到"有用"的时候，它们会一直占着角落，直到积满灰尘。

我不禁想为什么，有人有钱了，却永远过的是穷日子？

答案是：你，习，惯，了！

[2]

你习惯了，恐惧贫穷。

有人说不要让孩子吃得太饱。

因为一旦他每天吃饱就对吃饭失去兴趣。随时保持饥饿感，他们会知道饭是会"没有"的，自己不吃，下一秒就会饿肚子，这样他们就会有危机感。

连莫言都坦言自己童年的记忆和以后写作灵感全源自"吃"和"饿"。孩子们争夺食物，争相塞进嘴里，一嘴黑色——他们争抢的是车上的煤球。

老一辈的人身上你会非常强烈地感受到这一点。你会觉得他们抠门，这也舍不得丢，那也舍不得丢。

因为他们都是经历过最苦的饥荒年代，家里兄弟姐妹缺衣少食，吃顿白面能高兴一年……刚刚有个好东西，说不准下一秒被谁抢了。

这样的十几年、几十年下来，让他们脆弱的神经时时陷在一种恐惧中：怕没钱，更怕回到以前的生活。

于是他们拼命攒，攒东西，攒钱，攒黄金、攒房子。他们内心的不安告诉他们必须要向前走，不能让贫穷追上他们。

他们习惯了把钱攥在手里，觉得这比什么都踏实安心。

生怕一个不留神，有个病有个灾，打个针吃个药，又要回到解放前。

当年的大贪官和珅，富可敌国，嘉庆皇帝查抄他家时搜上来堆着几间屋子的金银珠宝古玩字画抵得上皇家国库实收15年的银子，但和大人家里只吃粥。

除了他自己、夫人和管家能绫罗绸缎而其他仆婢都穿粗布，和大人事必躬亲的连买菜的银子都算完称好了往下发——那是真穷怕了。

[3]

　　有一天上帝遇见一个乞丐想改变他的命运。于是他问乞丐："如果我现在给你一千块，你想做什么？"

　　乞丐想了想，说："我要一部手机。"

　　"为什么呢？"

　　"这样哪些地方讨饭容易些别人告诉我就方便了！"

　　上帝觉得可能是给的资金太少了，于是说："假如给你十万呢？"

　　乞丐说："太好了！我想买部汽车"。

　　"为什么呢？"上帝问。

　　"这样，哪里讨饭容易我就马上可以开车赶过去"。

　　上帝不死心地问："好吧，假如我给你一个亿呢？"

　　乞丐眼里冒出了光："太好了，我要将这个城市最繁华的地方买下来"。

　　"那你接下来做什么？"上帝问。

　　"把其他乞丐赶走，没人再来跟我争地盘！"乞丐如是回答。

　　这样的笑话很可笑，也很可悲。

　　也许最值得同情的就是这类人。不是没钱，而是明明过着好日子却把自己搞得很穷。

[4]

　　公司招了个新女实习生，她人挺好，我们常常聊天。有一天主管怒了，原因是开大会，场合挺大，她是唯一没有穿黑色正装的。

主管问她怎么回事，她回答的也挺坦荡："没钱买"三个字差点把主管气死。

事实上她平时的确老穿着旧衣服，也不化妆，颜色搭配的有时候也让人觉得怪怪的。一问家里也不是没钱——平时她妈妈总给她汇，但都在存折里放着，她妈妈再买衣服给她邮过来。

她平时除了工作就是看看小说吃点零食，也不愿意花时间选选衣服，买个杂志看看颜色搭配。

有钱不难，难的是拆掉思维禁锢的墙。精神做了乞丐，有金钱也只能乞讨。

人家年年换花样旅行、培训、做保养，你却舍不得给自己拿钱学一项特长，学个英语做个饭有个小爱好陶冶陶冶情操。

人家都看尽世间繁华了，你还在家自以为潇洒。

这样的人生是豆腐渣工程，花了钱，却还是严重质量伤残。

[5]

等我有钱。

"等我赚够了钱，我就环游世界。"

"等我赚够了钱，我就去享尽繁华。"

你身边肯定会有人这么发愿。

我一姐们儿靠英语顶呱呱当志愿者跑了一圈柬埔寨回来了，那边朋友们还在家看肥皂剧呢。"等我有钱再跟你去啊！"有人在微信回复她。问题是跟她讲这些话的人始终也没动地方，他们一辈子在等，因为钱永远"不够"。

其实不是不够。

前两天那个回复她的人还在双十一感叹自己剁了手。那些人有工作、甚至很多人都有车、有房，却都"没有钱"去旅行。

说穿了，是"没钱"成全了我们的"不够"，给了我们一个不努力、不满足又无办法的装受害者的借口。

你想到达的地方，只需要你真心一步步走。

对自己好一点。爱自己的人，真正热爱生活。

当你化了个美美的妆，你可以在商场微笑着接受所有的服务和邀请，因为你值得；

当你劳累了一天做做瑜伽，放段音乐，给自己一个热水澡，一点点读书阅卷的忙里偷闲，让自己保持放松；

当你订一束花插在一个般配的花瓶，有一点小小的布置，每天做一点不同改变时，日子也会多一点柔软的情趣。

就如老顽童蔡澜先生所说："下棋、种花、养鱼，都不必花太多钱，买些悦目的东西，玩物养志；吃一点好吃的，玩一点好玩的，不然对不起自己。"

人生苦短，不如任性过生活。

所以，对于那些告诫我"不要忘了苦日子"的人我只想回复说："我只想过好日子，苦日子让别人过吧！"

{ 思考太多结果，反而浪费了大量的时间 }

[1]

前两天，频道来了个实习生。

那是我第一次看一个姑娘，不用美不美来评价，完全忘记了姑娘长得好不好，只看到姑娘白净的脸上，渗出的胶原蛋白。在如此干燥，大地都要干枯了的北京，她的脸蛋上依然能掐出水来。

一起吃饭的时候，我一直在想，原来自己离刚毕业，去实习的时间，已经那么遥远了，离上大学的那一年，居然已经快要过去整整十年。

姑娘是95年的，今年上大三。和我聊着毕业了想去美国继续读研，未来想做媒体，也想做公共事务方向的工作。我听着这些理想和未来，觉得生机勃勃，年轻真好。

然后姑娘说出了一个担忧，让我差点把勺子掉在了地上。

"但是，我特别焦虑结婚。"

我以为自己听错了，并且迅速再算了一下，95年的，今年20岁整没错啊。

[2]

一个20岁的姑娘，本科还没有毕业，说自己特别焦虑结婚。我听完觉得整个人都不好了，原来那些非诚勿扰上的女生都是真的。

回国以后，偶然看了几期非诚勿扰，看着90后，才二十出头的姑娘们谈论着对于婚姻生活的憧憬，实在觉得令人费解。才二十出头的姑娘，急于想要嫁作人妇，从此洗手作羹汤，我觉得这一定是假的。

但是这个年轻向上，生机勃勃，满脑子理想抱负的实习生，真的坐在我面前，说自己特别焦虑结婚。我开始想，这中间到底出了什么问题。

二十出头的年龄，难道焦虑的不应该是谈恋爱吗？不应该是那些大学时代的小情小爱吗？那些食堂里，篮球场，自习室里的故事，那些他到底喜不喜欢我的忧愁和烦恼。

但是她们，现在焦虑的，是严肃的婚姻。

[3]

我们总是在错误的时间节点上，琢磨着不该在这个时刻琢磨的问题。

就像我们童年的时候，没有放过风筝，没有踢过皮球，成天做着奥数题，然后想要在成年以后去弥补这一课，那笑容一定和小时候不一样。

二十出头该谈恋爱的年龄，还那么年轻的姑娘，不在大学好好谈恋爱，不好好享受那些两个人之间，除了你爱我我爱你，就别无他物的时光，反而琢磨着那些你有一套房，我也有一套房，所以咱俩很合适，可以结婚的无聊话题。

那些年轻的时光是转瞬即逝的，我们不在这些时光里，享受爱情，承受伤痛，学习如何爱自己，爱别人，这些时光里应该上的课没上，我们以后再要到婚姻里去补习，那么代价是不是很大。

[4]

这几个月，好像周围所有人都在谈创业。

无论是工作很多年的白领，还是没毕业的大学生。好像中国一瞬间，没有人愿意继续上班了，大家都被"财务自由"这个巨大的彩色泡泡给唬住了。觉得自己再上多少年班，只是离这个巨大的彩色泡泡越来越远。

我遇到过一个大四已经做过三个创业项目的男生，我钦佩他的勇气和才华，但是我不得不说，大家好像被一种出名要趁早，成功要趁早，每个人幻想着在年轻时候变成扎克伯格的美国式英雄梦想给附体了。

然后，就忘记了，其实所有人的成功都不是一蹴而就的。

我们才这么年轻，甚至还没有毕业，甚至都没有工作过。没有看过老板脸色，没有求过别人，不知道职场艰辛，不知道走出社会以后，世界并不是按照我们想象的样子画出来的，很多时候我们必须要做出很多妥协。

在没有明白体会这一切，甚至还没有开始努力的时候，就嚷嚷着不想给别人打工，要实现财务自由，我觉得这些是可笑的。

在这个最年轻的时间节点，我们本应该像一块海绵一样，吸收来自这个世界五湖四海的水，而不是思考远在于这个时间之后需要考虑的财务自由。

[5]

我们看了太多成功人士的结果。

而我们，在错误的时间，却急于想要很多年，甚至是几十年以后的结果。

这是我们的问题。

年轻最大的好处在于，还好，一切还来得及。

我们在这个最美好的时间节点，应该享受属于青春的一切，那些美好的爱情，那些努力学习，拼搏奋斗，不计较得失的心态。

为什么小朋友比大人更容易学会弹钢琴，几年下来就可以考多少多少级。

其实，并不是因为家长逼迫，而是在尚且那么小的年纪里，她们只知道要练琴，要按照老师的方法去练，并没有想过这样练到底有没有用。

我们患得患失，思考太多结果，反而浪费了大量的时间。

大三的女生焦虑如何才能结婚，那么注定无法享受美好的爱情，而好高骛远的创业者，如果不脚踏实地，也注定无法在短时间内实现财务自由。

不要在错误的时间里，琢磨不属于这个时间点应该收获的成果。

想起了一句几乎不发朋友圈的前辈的签名。

但行好事，莫问前程。

和大家共勉。

別让它们成为绊脚石

{ **别让不懂情绪控制，
伤害了真正关心你的人** }

其实每个人都会有心烦、心累的时候，千万不要在错误的时间，对错误的对象发泄你的郁闷情绪，因为也许一个转身，原本如此熟悉的两个人从此永不相见，形同陌路。

这世上没有谁会永远是谁的谁，有的人注定只能被伤害，有的人注定只能错过，有的人永远只适合活在另一个人的心里。人生没有如果，过去的不再回来，回来的不再完美。

不知从何时起，每当心烦意乱的时候就喜欢发脾气，而对象往往是那些最在乎你，最关心你的人，说白了无非就是因为别人太在乎你，太宠爱你而已，而自己因为知道无论如何她都不会离自己而去的，故而肆意发泄自己的情绪，随意宣泄自己的情感。

每个人都会有心烦的时候，每个人也都会有心累的那一刻，却没有几个人有正确的疏通方式，有选择隐忍的，有选择压抑的，有选择肆意发泄的。

而更多的人则选择了在错误的时间对错误的人发泄了自己的郁闷情绪，错误的时间是因为别人往往也处于心烦的时候，而错误的对象则是因为那些人往往都是最在乎你的人，只是因为太在乎而纵容了你的肆无忌惮，为所欲为。

有时候静下心来想想，如果不是她们的无私奉献怎会有我们今日的辉煌？如果不是她们一再的忍让宽容，怎会有我们现在的幸福？人心都是肉长的，不要以为她们就会冷血而不知痛，不要认为她们就是麻木而不知伤心的人，只是因为她们的过于在乎而选择了隐忍，选择了忍受。

真正懂事的人就应该学会感恩，学会控制自己的情绪，学会调节自己的心情，不要因为别人的在乎而放纵自己的情绪，不要因为别人的真爱而肆意的宣泄自己的心绪，越是在乎你的人越会为你付出。

不为你有所回报，不为你会因此感恩，只因为她真正的关心你，真正的在乎你，而事实又有几人能够明了她们的用心？几人能够读懂她们的良苦用心？

真正在乎你的那个人，从来不在乎你的过去，但她会很在乎你的现在，因为你的过去已经成为过去，而现在必须不让她再失望，不再失落，她在你身上寄托了太多的厚望太多的期盼，你所能做的，或者说最应该做到的就是让自己成功，不让她再失望，不再绝望。

扪心自问一下，当你的心累了，当你心烦的时候，你会选择何种方式发泄自己心中的郁闷，选择何种方法宣泄自己的不满情绪？是否会因为最亲近的人的一句话而勃然大怒？是否会因为最爱的人的一个动作而大动干戈？

或许在你的勃然大怒中发泄了自己压抑已久的苦闷，又或者在你的大动干戈中宣泄了自己隐忍已久的委屈，但是你可曾知道，就是因为你的肆无忌惮，就是因为你的为所欲为，你伤了别人多少，让别人心寒到何种程度？

你从不曾知道过，你只知道自己得到了发泄，得到了释放，却将自己的苦闷情绪强制的发泄在别人身上，而自己却依然我型我素，未曾反省过，未曾内疚过，只因为别人对你的在乎，对你的爱。

不要以为你现在所做的一切都是理所当然，不要以为别人对你关心在乎是上辈子欠你的，其实一切的一切都是你在为后半生的生活埋下应有的因。

当你承担应有的果时可能就会后悔莫及，但却已是悔之晚矣，每做一件事的时候都要扪心自问是否对得起自己的良心，每当遇到善良的人的时候都要反思自己是否对得起别人的良苦用心。

不要总活在自己的世界里，盲目自大，不要总活在别人的世界里，迷失自我，活在当下，活出自我，品味人生，用心生活，活出真我，守住自我。

{别傻了，时间才没有我们所想的那么多}

大学毕业的那个六月，睡在我上铺的姑娘说，大学最遗憾的事情，就是没有男生骑着单车在宿舍楼下等她。曾经以为大学四年很长，长到可以被各式各样的男生在楼下等，长到那些小情小爱足够走到地老天荒。然而，一恍惚，大学四年就过去了，竟都未曾实现。

我做驻外记者以后，回来休假的某一年，和大学生做交流。有一个大四的男生和我说，他也想去国外工作，可是大学四年的时间都已经浪费了，什么准备也没做，本专业没学懂，英文说不好，现在还来得及吗，该怎么办？

而等到我驻外回来，我27岁的这一年，和一个90后的师妹吃饭。她说，师姐，我发现研究生读完竟然二十几岁都过了一半了，还要找工作，还要结婚，还要生二胎……

我们都曾经以为二十几岁是很长很长的，长到好像永远都不会过去一样。或者说，至少二十几岁，和我们生命中任何一个十年一样，它至少有整整十年。而十年，在年轻的我们看来，是一段特别长的日子。

但残酷的现实却并不和我们想的一样。对于大多数的我们来说，二十几岁就好像只有三年。一年在大学里无所事事，睡着懒觉逃着课；第二年在茫然惊醒中海投简历，租房子赶地铁；第三年做着不喜欢的工作，待在不喜欢的城市，在七大姑八大姨的催促下发现都该成家了呢，然后浑浑噩噩，竟然就要三十岁了。

当我第一次意识到二十几岁并没有十年的时候，我24岁，有一份稳定的工作。这一年，我有一个机会去拉丁美洲驻外。很多人说，你这么做代价太大，等你回来，就没有时间了，三年回来你都二十七八了，三十岁之前结婚生子可算是要完不成了。

那是我第一次听说，对于一个24岁的姑娘来说，要去远方，已经没有时间了。二十几岁，要工作、要赚钱、要贷款买房、要结婚生子，这些都需要时间，并且排得满满当当的。二十几岁的时光竟然是如此紧张，好像分毫之间，一个不注意就要溜走了，好像它根本就没有十年。

敢不敢出发，敢不敢放弃国内"听上去很好"的安稳，敢不敢去那么遥远的大陆，敢不敢冒着失恋的风险，敢不敢拿女生最美的三年去换一个未知的未来。我在各种权衡以及焦虑中，发现这个世界以及时间，对女生来说都太残酷了。

后来，我坐着防弹车去贫民窟，独自住在亚马逊雨林深处的木屋里，在一场盛大的狂欢节里痛哭，在牙买加混着酒精和荷尔蒙的雷鬼乐里对自己说生日快乐。那些美妙的时刻，如同里约热内卢升腾而起的烟火一样，照亮了我的二十几岁。

在这一路上，遇到了很多人，也遇到了很多二十几岁的姑娘，听到了很多故事。关于远方、自由、爱情、工作、旅行还有世界。三年，巴西、阿根廷、秘鲁、厄瓜多尔、牙买加、哥斯达黎加、委内瑞拉、古巴、智利、巴拿马甚至是苏里南，我走过了一张拉丁美洲的地图，渐渐觉得二十几岁好像真真实实地过了这么几年。

有时候，我们面对机会，如果没有意识到二十几岁的珍贵，没有算过关于时间、关于年龄的数学题，那么面对结婚大军、稳定大军的袭来，你很有可能不那么选，很有可能和上大学时候觉得四年很长一样，选择睡懒觉，选择逃课，到大四才恍然大悟，开始用"早知道……"这个句式。

在圣保罗，我认识一个86年的姐姐，南方女生，清秀美丽。一次饭局，我讲起一些拉丁美洲路途上的故事，她充满羡慕地看着我说，我只比你大两岁，但我都想不起来我在你这么大的时候都在干什么。这个姐姐大学毕业就结婚了，她只记得她毕业以后就一直过着全职主妇的生活，但是张口要描述，却想不起来这些日子都是怎样飞速流走的。

而我驻外以后，清楚地记得每一个月是怎么过的，去了哪里出差，见过什么人，拍了什么样的故事，可以从一月数到十二月。而不是在写年终总结的时候，发现今年和去年的差别就是又过了一年。我才知道，如果你选择和时间较劲，那么二十几岁就会有十年；如果浑浑噩噩，那么二十几岁可能真的连五年都不到。

每个人都有选择的权力，而我丝毫没有排斥全职主妇。我在巴西最好的闺蜜，也是个全职主妇。Aline是圣保罗大学主修国际关系的研究生，也是本科毕业，就跟随做生意的老公来了巴西。不同的是，来到巴西以后，她苦读语言，很快学会了葡萄牙语，通过各种争取和朋友介绍，开始在圣保罗的孔子学院教中文，后来申请了圣保罗大学的研究生。

作为本科学了四年葡萄牙语的女生，觉得在巴西读研尚且会有困难，而Aline一个学了不到一年葡语的姑娘，却成功进入了需要看大量葡语书籍的国际关系专业，并且申请到了全额奖学金。她经常比我这个常年东奔西跑的人还要忙，在圣保罗约她吃饭，听到的回答总有惊喜。"那我们约晚上吧，我下午钢琴课完事了去找你。"

Aline的二十几岁，虽然也是全职主妇，但她过得光芒四射，她想得起来这二十几岁的每一天。

生活只在于我们如何选择，既然我们都会做数学题，加加减减一定会发现，时间真的没有我们想象的那么多。

愿我们的二十几岁都真真实实地，过足了十年。

{ ## 与其在懊恼中纠结过去，
不如抓住当下正好的时光美景 }

我有个朋友，人很好，但性格不好。

一起出差，他走的时候就说，借出差的机会一定买一款相机。起先在网上看攻略，和我坐下来咨询哪款相机功能更好，我也是个相机白痴，给不出什么好的建议。于是就给同学打电话咨询，前前后后不下20多个电话，那天终于定下来买的牌子，我和他去商场看货。

反反复复了很多次，刚出商场就后悔了，经我一劝，总算回到了住处。接下来的几天，就在后悔和哪如当初中度过的。在我看来，相机根本没有给他带来什么享受，反而成了一种负担。

其实想想，我们的生活中，这种纠结的人还不在少数，人生的很多时间都是在与过去决断的事情中较劲、反悔中，悄无声息的把当下的时光和美好输得精光。很多时候，人生的失败不是因为没有实现，是错过享受的最好时光。

譬如，做父母的时候，我们纠结在：既觉得自己的孩子不如别人家优秀，又希望自己的孩子成龙成凤；做老师的纠结，既不允许学生插嘴，又希望学生有创新精神；做孩子的纠结，既厌恶父母管束，又懒得自己出来打拼；做学生的纠结，是既不认同老师某些观点，又怕得不到毫无意义的分数。做爱人的，既放不下你爱的人，也舍不得爱你的人。做朋友的，既想得到他的鼎力相助，又害怕他带来的麻烦……

人生也是如此，我们有三分之一的行动，却用三分之二的时间来后悔，不仅扭转不了已成定局的事实，也会错过当下新的经过，更怕仓促了即将到来的明天。人生若调成纠结模式，就会不由自主的进入一种死循环里，无声无息中消耗掉了你所拥有的眼前。

朋友讲了一个事例：三年前，小孩择校，摆在他眼前的是两所大学可选，当然各有利弊，譬如，这所学校环境不错，那所学校专业不错。她就在向左向右的抉择中纠结了很久，总算孩子上了大学。转眼就到了毕业的时候，这老先生的纠结模式索性倒回了三年之前的选择，逢人就说，当初要是选择另一所大学的另一专业，还用这么就业难？每次有人在那个专业就业，他就不由的说：你看看，当初我们家孩子选择成那个专业，现在这个岗位肯定是我家孩子的。大家就无语，不知道从何劝他。人生若调成纠结模式，表面上看是在总结上次的得失，其实是在消耗你的时间，徒劳无功。人生若进入纠结模式，才发现我们大多数的人，竟然都不是自己生命的主人，更糟的是，我们往往是自己决断和反悔的奴隶！

人生有时候真的需要一些猴子下山的精神，见了玉米放下西瓜，拥有芝麻忘掉西瓜的负重。人也需要学会忘记，放下过去，握得住当下，不奢求未来。人生总有那么几道你无法逾越的坎儿，就算是你是路虎也没用。人生有时候像竞走，合理的分配体能，要为自己的每一步的起落买单，一路需要足够的贮备。这贮备就是果断和向前的心。

一位在众人眼里很成功的年轻人告诉我，如果将来他有了孩子，绝不让孩子优柔寡断，他说很多经验告诉自己，有时候的莽撞比谨慎更能撞到机会。果断是人生的一块砖头，一砖头砸开的锁子，和处心积虑打开的锁，后果是一样的。

想想，挺有道理。人生的路很漫长，无论怎么选择，我们都要走向成熟的，都是朝着终点走去的。要学会不断地肯定，剔除年少的偏执轻狂；留住当

别让它们成为绊脚石

下的敢闯敢干，修炼放下忘掉的胸襟，其实对与错没有绝对，就看你心灵的境界有多宽广；要学会简单，你对世界简单了，世界也就不会太复杂。因为，每个人都曾经后悔过，但是人生没有回头路，错过了就不能重来，与其在懊恼中纠结过去，不如抓住当下正好的时光美景。谁也不敢肯定，路人甲没有转身的时候。

{ 别想了，才没有人
愿意来帮你收拾残局 }

暑假的时候，一个大二的学弟跟我说他的三门专业课挂掉了，得等到九月份开学的时候进行补考。他特别郁闷，想找我聊一聊。

我问学弟，为什么会挂科呢？是因为课程太难学不懂还是自己主观上没有努力？

学弟说，这次挂科，是因为我对现在所学的这个专业不感兴趣，枯燥乏味，上课就跟听天书似的。考试之前我一点书都看不进去，根本就不想复习这门课，所以干脆就放弃了这些课程。早知道我们这个专业是学这些东西，我宁愿回高中复读去。

其实，一个专业学什么、做什么，就算四年大学读下来我们也只是很肤浅的认识，更何况我们在高中填报志愿的时候呢。无非是从互联网查询到一些信息，再加上亲朋好友的只言片语相互叠加印证，拼凑成了我们对这个专业的初步印象。于是，我们怀着未来光明远大的美好愿望在打印出来的志愿清单上郑重地签上了自己的名字。来到学校的时候发现，这个专业所学的东西跟自己所想的有差别甚至是大相径庭。于是，在心里逐渐萌生退意，逃课，挂科。给自己贴上一个不感兴趣的标签作为借口，想要让自己全身而退，又不被推上懦夫的风口浪尖，受到舆论的谴责。

但是，不感兴趣真的不足以作为我们逃避而不敢面对的借口。对任何事情，如果你没有真正地努力过、拼搏过、付出过，浅尝辄止，就急于下结论，告诉自己这个我做不了，那个我做不了，告诉自己兴趣才是最好的导师，既然我对这些不感兴趣，那我肯定是做不好的，这只能说明你懦弱，你对自己不负责任。对有些事情的兴趣是与生俱来、显而易见的，而对有些事情的兴趣则是随着认识的加深、了解的增多而逐渐产生的。就像大学所学的专业，有多少人是因为对这个专业喜欢、热爱、感兴趣才学的呢？我想所占比重不会很大。很多时候我们都是抱着好就业、挣钱多的心理学了某个专业，而在读大学的过程中慢慢对自己所学的专业产生了感情，是日久生情，而不是一见钟情。

能拿不感兴趣作为简单粗暴的借口来抵挡周围的一切，无非是给自己留好了退路，安慰自己天无绝人之路，船到桥头自然直，进可攻退可守，永远也不会走投无路，大不了就固守大本营，只要留得青山在就不怕没柴烧。所以有恃无恐，所以缺乏坚毅的勇气，所以不敢勇敢地进击，稍遇抵抗就节节败退，所以不敢尝试置之死地而后生。就像是学弟一样，没有拼尽全力去尝试学习理解专业课程，就想开溜，想着反正最后也能大学毕业，大不了就是补考和清科考。总觉得人生不易，何苦自己难为自己，还没入世，就自以为出世。于是还未激发自己的潜能，还没到弹尽粮绝的境地，自己就灰心失意，就想着开城献关，缴械投降，到头来的结果就是自乱阵脚，丢盔弃甲。

我们的一生不知道会遇到多少孤绝的境地，围追堵截，悬崖高耸，无路可退，生死悬于一线。那时候我们总渴望为自己的人生预留种种惊喜，拿出一个锦囊，就会逢山开路，遇水架桥，护送我们一路安全抵达，这听起来更像是童话而不是现实。在现实生活中，我们没有能力也不可能为自己准备那么多的后路，因为人生不是彩排，而是一次又一次的现场直播，容不得我们一次次的修改校正，所以我们只能逼着自己变得勇敢，迎难而上，向前冲，奋力闯，才能涉险滩，爬高峰，才能在绝望中找到希望，才能看到胜利的曙光。就像是《狼图腾》中的男主人公陈阵，一个人第一次在草原遇到蒙古狼，孤立无援，千钧一发之际敲响马镫、吓退狼群才能冲出狼群的包围圈，否则一味地退让躲避，只能是成为狼群的腹中之物。

所以当我们无路可退的时候，总要逼着自己勇敢。

于是从未跟人吵过架，独自一人在异地租房子的女生遇到刁蛮霸道不讲理的房东，也会逼着自己去据理力争，因为她知道暗夜流泪真的于事无补。

于是从未下过厨房做过饭，不知道调味品摆在哪里的男生在女朋友生病卧床的时候，也会逼着自己看着菜谱笨手笨脚地去炖鸡汤，因为他知道爱情是两个人的，生活更是两个人的，彼此依靠才能温暖。

于是从未学过某种技能，却异常珍惜得来不易的工作机会的女生，在接到老板的工作安排的时候，也会逼着自己熬夜看书自学赶进度，因为她知道工作机会都是靠自己的努力争取来的。

我们自己的人生总要自己来买单，不能幻想着一边自己破罐子破摔，另一边有人来给我们收拾残局。正如奥地利诗人里尔克在诗中写道："哪有什么胜利可言，挺住意味着一切。"

{ 别认输，熬过黑夜
才会有日出 }

　　人生就像一叶扁舟，在苍茫无际的大海上航行，不同的历程创造出不同的硕果。扬帆远航吧！去寻找我们自己的幸福！

　　一望无际的大海是我们的征程，或许前方一片昏暗。但是你并不孤单。看吧！狂风为你们加油，海浪为你们助威，海鸥伴你航行。他们是你的伙伴，磨炼你的意志，坚定你的信念，或许旅途中会有一些暗礁。但是，别退缩，勇敢地与我们作斗争战胜困难，超越自我。抓住机会，一跃而过，困难不算什么，但，最重要的是放弃！只要敢于拼搏，失败也是一种欣慰。

　　输，并不可怕，失败乃是成功之母，通往成功的路或许充满荆棘，但它不能影响你的信念，或许你受伤了，找不到成功的出口，在黑暗中不住的徘徊，留恋，别认输。努力的寻找方向，重新整顿自己，使自己变得更坚强。要知道，输并不可怕，最可怕的是认输！

　　扬起自信的风帆，我们青春，我们自信，我们怀揣着一颗热情澎湃的心。不管未来世界如何，都不能泯灭我们上进的心。远航吧，去寻找自己的幸福，不管大风大浪向前闯，别害怕，风轻云淡，努力追求自己的梦想。

　　人生需要坚持奋斗，需要夜以继日不停的行走，不断的向前奋进，努力的坚定的前进，驾驶着自己的小船，在大海上劈波斩浪，在爱的港湾里留下串串希望，在茫茫的大雾中翔驰，享受着生活战斗带来的美好，像高尔基的海燕一样，大声地呼喊：让暴风雨来得更猛烈些吧！

一句名言曾说"乘风破浪会有时，直挂云帆济沧海。"别让怯弱否定自己，别让惫懒误了青春。一个人不奋斗不能有所成就，一个国家不奋斗不能立足世界，一个民族不奋斗不能兴盛强大。带奋斗一起飞翔，因为有了它，让我拥有理智之思；我才使过去的失误不再重演到今天的影片里；我才能使过去的成功在人生中继续升华；人生最困难的事情是认识自己。——特莱斯。

不管你是否看到了希望的曙光，心中的启明灯在隐隐的发光，不停的行走，不停地航行，不停的奔跑。不抛弃，不放弃是我们的信念，一味地幻想终将如泡沫一样消散的无影无踪。努力的航行在2013年那美丽的春天，曾记得冰心说过；"言论的花开得愈大，行动的果实结的愈小"。打破阴泯的沉默吧，在沉默中爆发，用实际行动证明自我，努力地航行，不哭泣，不停止，不放松。

别驻足，成功需要激烈不停的追逐；别认输，熬过黑夜才会有日出。阴雨之后才会有彩虹。要记住，成功就在每一个下一步，泪水就是天下最美的书！

用汗水浇灌生活的硕果，用多彩的知识充实自我，用充实的步伐坚定信念，扬帆远航，创造崭新的明天！

{ 学会沉默也是
一种自我善待 }

[1]

不要在一件别扭的事上纠缠太久。

纠缠久了，你会烦，会痛，会厌，会累，会神伤，会心碎。实际上，到最后，你不是跟事过不去，而是跟自己过不去。

无论多别扭，你都要学会抽身而退。从一处臭水沟抽身出来，一转身你会看见一棵摇曳的树，走几步，你会看见一条清凌凌的河，一抬眼，你会看见远处白云依偎的山。

不要因为一条臭水沟，坏了赏美的心境，从而耽误了其他的美。

[2]

你可以受伤，但不能总在受伤。

也就是说，在生活中，你可能会遇到误解、冷遇和不被尊重，也可能受到排挤、压制和打击报复，还可能遭逢不公、陷阱以及暗箭冷枪。是的，你要做好受伤的准备，因为，受伤，也是生活的一部分。

如果，你总在受伤，一定是太在乎自己了。有时候，太把自己当盘菜，原本就是人生一道难以治愈的暗伤。

[3]

我相信，这个世界已经抑郁和正在抑郁的人，内心都是柔软的。

这种柔软，一半是良善，一半是懦弱。

当一个人打不赢这个世界，又无法说服自己时，柔弱便成了折磨自己的锐器，一点一点，把生命割伤。

恶人是不会抑郁的。是的，当公平和正义被湮没，当善良的人性和崇高的道德被漠视，当恶人可以为所欲为，这个世界，就成了制造抑郁的工厂。

[4]

我记得，好像是某大学的一次校庆，某电视台著名主持人去了。

当他青春的身影在舞台上出现，下面的学生高兴极了，狂呼他的名字。他突然不高兴了，脸色阴沉地看着台下。后来，学生们很快发现叫法有问题，转而喊他老师，他笑了。

我在电视机前看到这一幕，很不解，学生们直接喊他的名字，多么亲切，他怎么就不高兴了呢？

又一次，当我看到某个官僚对直接喊他名字的人如何面目狰狞出离愤怒时，我才明白了，一个人在某个高位上久了，就会有架子。

而架子，就是他们的尊严。

[5]

一个不把无知当无耻的人，心底里，是没有敬畏的。他谁也不服，一副我天下第一的姿态。

在这样的人面前，你能说什么？只好无话可说。

白岩松的文章里，曾经提到过黄永玉的一幅画。那幅画上，黄永玉画了一只鸟，旁边写了几个字：鸟是好鸟，就是话多。

如果，你想珍惜自己的羽毛，你就必须要知道，在某些场合，你的沉默，其实是对自己多么深沉的尊重。

[6]

我喜欢泰戈尔的这句诗：世界以痛吻我，要我报之以歌。

如果颠倒其中的两个字，这句诗，就突然多了大胸怀、大气度：世界以痛吻我，我要报之以歌。

你说，一个人若能这样活在这个世界上，多难的路，不被轻松走过？

{ 不妨让自己
活得贵一点 }

学生时代，我看中了一件米色开司米毛衣，当时对我来说，价格不菲。女生们买很廉价的衣物把自己打扮得花枝招展，我偏不，喜欢的为什么不要？我把生活费省下来，还去校刊打工，四个月后，我终于得到了梦想的开司米毛衣，穿上的那一瞬间，我感觉自己骄傲得像白天鹅。我看不起平庸并自以为是的女生。这个欲望的过程让我很快乐。我就是要穿好衣服，地摊货从来不入我的眼。眼界决定境界。你说你清心寡欲，但人活这一场，想要的为什么不要？我通过自己努力得到，这很刺激。

工作后，每一个阶段我都会有一个小小的目标。我不随便买东西，要买，绝对是好东西。上班第一年，我决定为自己买一件昂贵的风衣，我很迷恋老年赫本穿圣罗兰风衣的迷人身姿，决定买上一件。风衣比较实用，可以穿三季，很符合我的气质。大学刚毕业，除掉租房的开销，没多少余钱，但这更能刺激我挣钱的决心，年轻时累点从来就不是坏事，虽然我的目标很俗很不齿。我业余接了一个翻译的活儿，业余翻译者价码很低。大学第二外语我选的法语，学得还不错，翻译是个苦活儿，熬夜加了一个月夜班，一件圣罗兰风衣到手了，穿出门走在大街上，整个人变得特别挺拔，我感觉自己变成了一个超级金领，只要人的气质不差，穿大牌跟穿地摊货绝对是两种感觉，不要笑我的虚荣。真的是这样，我从不否认我的喜好。

下一个目标是一趟希腊之旅。这之前，我连国门都没踏出，国内也没走多少地方，但我就是想去希腊，喜欢那里的蓝白小镇。为什么不能去？我的外语不错，完全没问题。我算了一下，费用是一万元左右。这笔钱对于工作没两年的我，绝对不是个小数目。别人都在过紧巴巴的日子，我却眼光那么高，好像有些不合情理。但我可以实现。我联系了一家培训机构，教培训课。为了上好周末的培训课，我无数次在镜子前练习表情，一个初出茅庐的社会人，你没有自信，没有人能给你自信。相反，你如果自信了，所有人都会觉得你行。这就是现实。小半年，我周末几乎都没有休息。除了存够了钱，我的表现力也大幅度提升，从起初的怯场到自如地讲说，口才提高了N倍。接下来我用年假去了希腊的蓝白小镇，那个震撼，让我觉得花两万都值。我不像我的同学，度假去个周边城市景点就满足了。你没去或者说没给自己机会去，结果差别不是一点点。还是那句话，眼界决定境界。穿一件好衣服，去真正想去的地方，不要将就凑合，这样的心态决定了你的状态，你得到的往往不是一个目标本身，它是有附加值的。

就这样，工作不过五年时间，我跟同龄人的状态大不一样，我自信，穿衣有品位，见多识广，我的层面又有了优势，这让我更认清了自己想要的东西。我从来不否认自己的虚荣，这不叫虚荣，对于我来说，是动力。一个女人，你不让自己太便宜，别人也会认为你该是尊贵的。

七年后，我升职，薪水涨了一倍。我已在滨江的楼盘买到一个小户型房子，那是很多人说的高档社区，当然，我只能是高档社区的穷人。但我知道自己配得起它。我的下一个目标是去埃及。钱从哪儿来？我已接手了一个大CASE，可能有一年时间我要为它奔忙，我心甘情愿。

{ 别碌碌无为，又待在舒适区不愿出来 }

昨晚跟一个长我十岁的学姐聊天，说到我的近况，感觉到前途漫漫，不知如何走下去。工作不是那么顺畅，最主要的是这种生活诚然并非是我想过的，日复一日，波澜不惊，并没有绚烂的景色，亦没有未知的惊喜，就连最基本的生活保障都显得些许苍白。

学姐笑笑，视频里她眉眼间都是温柔。虽然是30好几的人了，看起来依旧明媚阳光，仿佛就跟我一个年龄段一般。我们关系十分之好，我开玩笑说，这辈子就缺了一个姐姐，她就说，那我来做你姐吧。然后两个人笑得灿烂张扬。

学姐说，说到底啊，还是你们这帮小年轻玻璃心，经不住事儿。你们那么年轻，还有大把的时间去打拼，用不着天天怨天尤人抱怨人世不公的。其实谁都跟谁一样，做多做少，真的在未来就有那么一杆秤来给我们做一个评判。只是时间未到，你还看不到而已。

学姐17岁高二的时候辍学，因为那年父亲出车祸身亡，肇事司机逃逸，家中还欠着10万巨款。母亲整日以泪洗面，整个人瞬间就衰老下去。虽然10万对于现在来说并非是个多大的数字，但是对于将近20年前，那对于一般家庭来说确实是个天文数字。

没有办法，学姐唯有退学打工，去偿还家里欠下的巨款。但是无论那时候的她多努力，对于这个家来说，都是九牛一毛。三年后，母亲郁郁而终。为了母亲后事，几乎花光了她身上所有的积蓄，甚至出门打工，连车费都是向姑姑借的。

整整七年，她都没有回过家一趟，因为要省下那些车费用以度过那些艰难的日子。七年里，她在餐厅洗过盘子，每到冬天的时候，双手长满冻疮，但是为了生存，还是咬牙坚持着；后面去了东莞，在玩具厂打工，拿着600块钱一个月的工资；甚至为了赚钱快一点，长相本身不差的学姐甚至去夜总会当了半年的陪酒小姐。她一天往往打几份工，直到精疲力竭倒头就睡，每天只睡五六个小时就起。晚上有空的时候就出去摆摊，那时候没有城管，但是有很多黑势力，有好几次因为学姐不肯交保护费，摊位被掀掉自己被打得头破血流。

四处奔波那么多年，省吃俭用舍不得乱花一分钱，到2006年的时候，学姐终于还清了之前父母欠下的债务，并有了几千块钱的积蓄。那年冬天，她自出家门第一次回到久违的家乡，抱着年迈的奶奶痛哭了一场。

她想，这么多年了，为了家里的债务而把最为美好的光阴放在了那些原本自己就最为不喜欢做的事情上。而现在终于可以摆脱这样的生活了，未来的日子终于可以为自己活了，为自己的梦想活了。

过完年后，她揣着3000块钱只身去了上海。找了一家服装设计公司从最基层做起，并找了一家夜校专门学服装设计。因为那才是她真正的梦想。为了生活，为了家里留给她的责任，她已经把它搁置了太多年了。

虽然没有了债务的压力，学姐依旧过得十分窘迫，每个月依旧拿着一千上下的工资。住在离公司一个半小时车程的郊区的小平房里，每天要走20分钟的路才能挤上公交，然后转一趟车才能到公司。晚上上完课到家一般都是11点之后，还要偶尔看看书，找些设计作品研究一番，自己也零零散散的写些文字，我也是后面因为写文章才得以认识她的。

她说，不管日子多难，她始终都没流过一滴眼泪。因为眼泪并不能解决什么，只是自己软弱的象征。

三年后，学姐升职，成为了整个公司升得最快的那一个，当上了设计总监特助，年薪十五万。2011年，学姐31岁，刚好总监跳槽去了大公司，学姐顺理成章地当上了设计总监，年薪六十万。2013年，学姐辞职，开始和别人合伙创办自己的服装品牌，成为新公司执行总裁。也是这一年，学姐出了人生中第一本书。2014年，学姐公司下半年销售额突破两千万。

学姐说，这么多年里，她十分感谢还债的那段艰苦的日子，那段受尽白眼，受尽欺凌的日子。因为艰难才有了改变的动力，因为贫困才有了奋斗的目标。她说，我写东西的时候很多人都说我世俗，说我势利，眼里看到的只有钱。我是爱钱，但是我不势利，我只是觉得，在人的这一生当中，钱这个东西，拿到手上，只要是干净的，它就不低俗，至少它是你努力的见证，它反而在某一方面见证着你人生另一面的成功。

她说，其实你们都是因为生活太好过了，才会觉得一点小挫折就仿佛遇到了洪荒野兽。现在的小孩不管是农村还是城市，从小都是从掌心里捧出来的。总是选择更为舒适的姿态去过好这段原本应该拼搏的日子，稍微遇到一点不顺心的事就悲天悯人，然后还往往看不惯这个社会上的种种现象，自命不凡。其实说到底，就只是，心比天高，命比纸薄。

她说，当你们大学生自以为七点钟起了个早的时候，那个年纪的我，已经在街上卖了一个小时的早餐了；当你们毕业后坐在办公室吹着空调逛着淘宝还嫌日子无聊的时候，我在夏日炎炎的工厂里汗流浃背连内衣都湿透了的做着流水线；当你们觉得父母这么小气才给我打这点钱的时候，我已经每个月还要给别人打几千块钱还账了；你们嫌食堂的饭菜不好吃的时候，我在夜总会被别人灌酒灌得胃里翻江倒海还要陪着笑；你们花前月下你侬我侬的时候，我在摆着地摊跟人讨价还价……

所以青春本来就是一个人最好的时段，也是这个时段才把人与人距离拉得好远。你安逸舒服了，从此之后如果没中彩票的话就可能不温不火甚至贫困潦倒的过一世了；你奋力挣扎努力拼搏了，也许可能还是达不到身世地位煊赫，至少是风风火火热热烈烈的过了一个青春时段，但是万一就成功了呢？

所以，抛开那些没必要的纠缠跟迷茫。青春本身就充满朝气，本身就是最适合去拼一把的年纪。时间眨一下眼就过去了，没有多少时间可以等着你克服自己的玻璃心。人家能做到的，为什么放在你这里就变得格外艰难了呢？20几岁还不算老，别把自己的青春葬送在自己的满嘴借口中和奢求安逸舒适的环境中。就算再努力十年，你也只有区区三十几岁，而这十年，兢兢业业，每天进步一小点，也足够你的人生有一场质的飞跃。

别让舒适安逸成为了你青春的坟墓。

{ 掌控焦虑，
而不是让焦虑掌控你 }

    你有没有过因为焦虑而优柔寡断、自我怀疑？开始一个新项目，或是想融入一个新的群体，心里会不会七上八下、忐忑不安甚至有些恐惧？参加徒步旅行俱乐部、或是加入自愿组织在网上晒自己的约会档案、减肥、写博客、把自己的的爱好做成事业……这些事情看上去既有趣又有意义，你心生向往跃跃欲试，但最终是不是还是为自己编了一堆理由放弃，只因为其中可能存在的风险？是不是做了无数研究但就是没法做出行动把想法变成现实？如果这是你，那么焦虑和过度谨慎可能已经妨碍你追逐梦想、过上有意义且充实的生活。逃避只会恶性循环让你更加不自信，而开始行动则会建立正向回路让你自然而然地减少焦虑。那么怎么开始呢？以下的策略提供了一条向前进的路，为你开启追求理想生活的第一步！

[不要坐等焦虑减轻]

    焦虑植根于我们的天性之中，它不会自己减轻。人类的大脑生来就憎恶不确定性、不可预计性和变化，只是有些人天生焦虑易感性更高。然而当你顶着焦虑采取行动朝着目标迈进时，大脑会重新评估，并告诉你其实不确定性也没有那么危险，这就是成功的第一步。随着时间的推移，慢慢地你会建立一种自我效能感，即使感到焦虑，你也会认为自己有行动能力并且能够通过行动获得成功。

[设立适合自己的、符合实际的目标]

我们都有不同的性格、脾气和喜好。并不是每个人都想成为律师、朋友成群、跑马拉松、瘦成闪电或者坐拥豪宅。焦虑让你觉得自己没有别人有天分、有竞争力，甚至不像别人一样值得被爱。如果你不了解真正的自己，在设立目标时，你很有可能会仿照你的朋友甚至邻居，去做一些社会认可的事情或是满足他人的期望。这种情况下设立的目标很难成为长期坚持的目标，尤其是那些你并非真正热爱的事情。与其总是想你"应该"做什么，不如换个角度想想你真正想要什么，说不定你是个有创造力的人，或是想要生活工作平衡、想去旅行、活得更健康，又或者你只是想找个可心的人儿。不管你想要什么，想清楚，然后找到最容易的入手的事情行动起来。把目标用具体的可量化的方式表达，比如："下周散步三次，每次20分钟。"切记，不要想一步登天，一口吃成个胖子，另外达成目标最好是内部动机驱动，而不是为了取悦他人。

[信任过程]

马丁·路德·金说过："信念，就是即使看不到长阶通向何方，却仍愿意迈出第一步。"

即使一开始没有，但只要你迈出了第一步，信念就会随之而来。做得越多，成功的可能性就越高，慢慢地你会相信自己，相信过程，相信世界。我的博客常常开始于我完全不知道要写些什么的时候。我知道只要我有东西要分享，并真心诚意的想帮助读者，内容自然而然就会出现。很多作家都会告诉你，刚开始写作的时候，随着焦虑慢慢减少，到最后只剩下故事和传递想法的纯真热情，这个时候你的想法和创造性地作品自然而然就出来了。这个道理同样适用于生活的其他方面，比如开始一份新工作、新项目、新恋情或是新的投资项目。

[不要小题大做]

面对风险，焦虑的人习惯性地关注坏的结果，而面对负性结果时，他们也更倾向关注这个结果到底会坏到什么程度。他们会想，去约会如果遇到奇葩怎么办？万一我看对了眼别人会不会再联络我？投资创业失败了怎么办？换工作投简历没有反馈怎么办？不换工作当前的状态又让自己痛苦不堪怎么办？这些结果都不是我们想要的，但是他们到底有多糟呢？比罹患癌症更糟糕？还是比家人离世更糟糕？我相信答案一定是"不！"那么你能挺过去吗？你有应对的策略吗？或者等下次换个方式再试试？我相信你可以的！焦虑让你过度高估了采取行动的风险，但是不是也该考虑考虑一直处在糟糕状况下的风险呢？时过境迁，回想当年，你是否会遗憾面对梦想，你竟然试都没试就放弃了？

[做自己的拉拉队长，而不是自我批评家]

追逐梦想是艰难的，沿途要面对无数不可避免的阻碍和失败。有些事情结果可能不那么完美，这时千万不要打击自己，给自己增加障碍。人生许多重要的成功都有些运气的成分在里面。我们只能控制自己，不能左右他人和环境。你可以为自己辩护，也会因此而受到批评和打压，但是这并不意味着你做错了什么。大脑天生就关注负性信息因为它的机制是以保护为中心，而不是提升为中心的。要克服这种偏差，你必须刻意关注事情的积极方面。认可自己的冒险行为、适应不安、或者当你想蜷在家里沙发上什么都不做时，表现出来。你不能控制结果，但你可以鼓励自己在过程中付出的努力，这样你就能一直保持动力。

有了这些方法，你可以开始试着掌控焦虑，而不是让它掌控你。不能完全摆脱焦虑一点关系都没有（好像也不太可能）。即便如此，你还是可以选择向前进，采取结构化的行动，从而构建心理韧性和自信，为获得充实、有意义的生活创造可能性。

这很不容易，但是我相信值得一试！

第六章

作弊的人生
没有前途

{ 不要等到走投无路时 才想起努力 }

[1]

明天就要考雅思了，可是我到现在连书都没翻过几次；

下个周末就要考注会了，可是我一点都没准备啊，我该怎么办；

后天就要交论文了，可是我连论文题目是什么都不知道；

还有几天就是全公司大考核了，我不甘心在这个没前途的岗位，可是我什么也不会啊；

命运之神到底是什么样呢？

她有样貌有身材有家世有数不清的宠爱，所有人都把她捧在手心里，高高在上，闪闪发光，是个娇气的小公主。

她家在农村从小懂事听话熬夜学习受了委屈咬牙坚持不肯掉一滴眼泪拼了命也只换来一个普通人的一生。

对啊，命运就是不公平的。

上帝给你关上了一道门，就会给你打开一扇窗。

它拼命给别人送礼物，爱情，才华，天赋。

你一个劲地冲它笑，它反手给你一耳光，打得不过瘾，又是一耳光。

你又能怎么办呢？

大哭大闹撒泼打滚对着全世界喊冤枉，可是生活不是判案啊，没有铁面无私的包大人站在你身边替你平反昭雪。

最后还不是只能抹把眼泪，抱抱自己，接着笑靥如花走下去。

［2］

有一句话，什么时候努力都不晚。

所以，总有人用这句话安慰自己，今天拖明天，明天拖后天，日复一日，直到拖不下去为止。

可是说实话，你最后奋发真的赶得上那些从未放弃孜孜不倦往前奔跑的人吗？

也不是没可能，天才总是有那么几个的。

一个小伙子和我抱怨，也想努力做一件事，做精细，做透彻，可总坚持不下来，最后落个日复一日蹉跎人生的悲惨结局。

他说自己从小就很聪明，小时候他觉得自己会成为一个不一般的人。

后来长大了，却发现自己的聪明没用对地方。

别人做调研跑市场用了整整一个月才搞定的任务，他用用一个星期就完成了。

大学的时候，室友认认真真泡图书馆看专业书，而期末考试他随便瞟几眼居然也能过。

我羡慕地说，那真好啊，余下来的时间你都可以做自己喜欢的事情，真幸福。

可他却回复我，没找到喜欢的东西，多出来的时间也被浪费了，在刷微博看视频的不断转换中悄悄溜走了。

再回首，青春一晃而过，在他的记忆里，什么都没留下。

学校里，专业考试过了，却也是勉勉强强飘过，和班上大部分人一样。

公司里，业务技能没有很生疏，却也谈不上熟练。

爱情呢，遇到一个一般的姑娘，说不上多喜欢，也没有很讨厌，结婚还行。

他说，有天看我的文章，醍醐灌顶，再这样下去，恐怕就应了那句老话，最怕你一生碌碌无为，还安慰自己平凡可贵。

我可是要当英雄的人啊，这是他回复我的最后一句话。

[3]

有时候觉得未来是最好玩的一件东西，如果它是一个软绵绵的面团，最后被捏成什么样子恐怕最终的决定权还是在我们自己手上吧。

一个朋友的朋友，现在创业开公司，带团队，拿到了天使轮。

他出门就是穿金戴银，名表配西装，名车配美女，简直金光闪闪亮瞎大家的眼。

看上去真的挺好的，可是能有什么用呢？

圈子里的人都知道，他最喜欢的姑娘在他最窘迫的时候离开了他，那年他欠着外债，家里尚有重病老人。

同学聚会的那天，他喝高了，当着全班人的面，扯着那姑娘的衣角，哭着喊着说不要分手，他会努力，可姑娘依旧走了，连个背影都没留下。

现在他功成名就，金光闪闪，却只口不谈爱情。

[4]

以前在外地打工的时候，租的房子在偏僻得不能再偏僻的犄角旮旯。

我喜欢去楼下的早餐摊子买碗热干面，发工资有钱的时候就多加一碗馄饨，月底没钱的时候就只吃一碗热干面。

早餐摊子的大叔每次都送我一杯豆浆。一开始我还以为是送的，大家都有，还傻啦吧唧地说，再来一杯。

有天突然发现除我之外，其他人都是付钱的，脸上简直就是大写的囧！

我要给钱，大叔不让，说我总照顾他生意，一小姑娘在外地打工也不容易。

我也只能尴尬地笑笑，偶尔给大叔带点水果什么的，渐渐地就熟了，我也能偶尔去蹭个饭，周末不加班的时候也帮大叔看个摊。

大叔每天早上四点起床，准备早餐的一切事宜，磨个豆浆，炸个油条……忙下来就是一早上，然后等我们这些上班的人起床吃早饭。

大叔中午过后还会去菜市场门口，顶着大太阳推着一个小推车，在那附近卖菜，直至落日黄昏。

大叔说起这些的时候，笑得异常灿烂，我听着却有点心酸，大叔头上的白发，额前的皱纹告诉我，本该是颐养天年的岁数啊。

问起原因的时候，大叔只是说，女儿女婿贷款买了房，还差二十万，自己想努力帮衬着点，趁自己还干得动，多挣点钱，帮女儿攒着。

那一瞬间我真的不知道该说什么，只能使劲低着头，望着地面。

[5]

以前看过一部电影《万箭穿心》，最开始特讨厌女主，尖酸刻薄为人有些自私自利。

当看到他老公出轨的时候，我心里暗暗想，这样的女人，恐怕谁和她在一起都会受不了吧。

东窗事发后，女主就各种闹，各种耍性子。

最后男主跳河自杀，未曾给她留下一言一语。

接下来的故事莫名变得悲情，为了养活儿子读书，她放下了固定工作，拿起了扁担，当上了替人挑货的棒棒。

她自己省吃俭用，在棒棒餐馆只敢点不加肉的素菜，却把挣得钱都交给孩子的奶奶，嘴里一直说着，一定要让儿子小宝吃好，要有营养，荤素搭配。

十年一晃而过，在这十年里，儿子小宝一直不肯原谅她，从未叫过她一声妈。当小宝录取通知书下来的那一天，也是小宝十八岁生日。

小宝让她把房子过户到自己名下，并赶她搬出去。

白茫茫一片真干净，若说起命运，她一天好日子未曾过上，前半生婚姻不顺，后半生疲于奔命，到老了，落个六亲不认的下场。

[6]

大家都说，命运自有它的安排。

可是我想说，只有努力到无能为力，才有资格说听天由命这种话。

出身农村，你不努力学习没考上大学，高中毕业就被嫁出去养猪种地带娃，那怪不得谁。

身在大学，你浑浑噩噩混日子没找到好工作，后半生碌碌无为处境窘迫，那也怪不得谁。

天天嚷嚷着梦想，却从未付出货真价实的行动，最后屠龙梦变成了白日梦，更怪不得谁。

若说命运不公平，给了一副烂牌。

我高中留守儿童，一个人守着硕大的空房子，一个人睡觉，上学，顶着四十二度的高烧去医院打针。

我大学自己挣学费，生活费，偶尔还要给老家的外婆寄钱，熬夜写软文顶着烈日发传单。

讲真，我不觉得自己摸到了好牌，但是我见过比我还难的。

大家的路都不好走，不是只有你受尽委屈。

{ 比起做白日梦，
你更应该选择去努力 }

生活不是童话故事，太梦幻的日子并不适合你。我特别喜欢你低下头认真做事的样子。——致每一个努力生活的女孩子

那一天，我记得特别清楚。阴天下大雨，我穿着单薄的小西装外套，脚踩八厘米的高跟鞋，在繁华的宁波老外滩附近，逆着风艰难步行。任由冷冰冰的雨水打在脸和衣服上，有种刺骨的寒意。

一个人在风中踽踽独行，却只换来了一场姗姗来迟，又草草结束的面试。

认真用心地准备一场面试，按约定的时间抵达用人单位，结果人家主管说放你鸽子就放你鸽子，连一个解释都没有。随便地让公司里的一个文职人员敷衍地走了过场。那种感觉真的挺伤自尊的。

回学校的路上，走到十字路口等绿灯，被从身旁扬长而过的汽车溅得一身泥水。躲闪不及之余还崴到了脚。

走在天桥上，目光掠过那车水马龙，川流不息，陡然生出几分被世界遗弃的苍凉感。

看见不远处的541，满载乘客飘然而逝的背影，我知道，我只能等下一班公车了。

雨天外滩附近的出租车更加难打，即使好打，我也舍不得花那个钱。找人来接吗？找谁呢？况且，天很冷，那里离学校又很远。而我又一向不喜欢麻烦别人，最怕欠别人人情。能够自己搞定的事情，绝不会麻烦别人伸一根手指头。

还不如等。虽然明知踩着高跟鞋挤公车是一件很悲催的事情。不是东倒西歪，就是人肉夹馍。于是忍着脚踝的疼痛，在风雨中瑟瑟发抖地等下一班车。偏巧身旁站着一对情侣，旁若无人地卿卿我我，甜腻得不得了。我很识相地离他们远一点，再远一点，很努力地减少存在感。

也许是我巨蟹座的神经过于敏感脆弱，又或者是冰雨冷风又孤零零的情境渲染，一时之间，我忽然想起了很多人和事。家人。梦想。曾经喜欢过的人。最想要做的事。最想要去的地方……

想着想着我就明白了很多。姑娘，你要努力，如果你不努力，你想指望什么？你能指望什么！

是你觉得自己够聪明、够漂亮，还是你自信自己既聪明又漂亮？

是你家里有显赫的家世背景，足够的金钱？

还是说，你有偶像剧女主的主角光环，恰巧有一个既死心塌地又心甘情愿地养你的男朋友？即使他说愿意养你，你敢让他养吗？你就不怕，哪一天你们两个闹情绪吵架，他冷不丁地冒出一句：你连人都是我养的，有什么资格跟我吵？你就不怕，哪一天，他累了倦了，嫌弃你不独立、不干练、没主见？

姑娘，你要努力。如果你不努力，你想指望什么？

指望在你困窘落魄到没钱吃饭的时候，会有一个男人出现，温柔地牵着你的手去共进晚餐，还是他为你亲自下厨，棱角分明的轮廓经灯光投下一个好看的剪影？

指望在你被高跟鞋折磨到疼得一步都不想走，恨不得把鞋子扔掉赤脚走回家的时候，有一个人出现，背着你走完这段路，还是他摇下车窗温柔地对你说，上车吧，我送你？

指望在你遇到困难和挫折的时候，痛彻心扉的时候，有一个英雄站出来，为你披荆斩棘鞍前马后遮风挡雨？

还是说指望自己刚走出校园就发现，早已经有人为你铺好路、搭好桥，从此一帆风顺，衣食无忧？

姑娘，你今年几岁了？还在做这种王子灰姑娘的白日梦。喜欢看玛丽苏偶像剧不丢人，但活在这样的幻想中却很可怕。生活不是童话故事，当公主或灰姑娘遭遇危难时，总有骑士或王子出现拯救她们。你想太多了，哪里有那么多happy ending。

我一直记得读中学时在《扬子晚报》上看过的一篇关于郭德纲的文章：

他说，"我小时候家里穷，那时候在学校一下雨，别的孩子就站在教室里等伞，可我知道我家里没伞啊，所以我就顶着雨往家跑，没伞的孩子你就得拼命奔跑！像我们这样没背景、没家境、没关系、没金钱的，一无所有的人，你还不拼命工作，拼命奔跑吗？"

姑娘，你不努力，你想干嘛。姑娘，你要认真地工作，你要努力地赚钱。这是为了你自己将来能过更好的生活，也是为了让你的父母在年老体迈没有经济来源时还能够安享晚年。是为了当你有了想要吃的东西，想要穿的衣服，想去旅行的地方时，可以毫不犹豫地为自己潇洒买单。是为了爸妈以后逛超市、商场的时候，能够像小时候舍得为你花钱买东西那样为自己买东西。是为了他们在同街坊邻居、亲戚谈论到你的时候，是一脸自豪或是一脸安详。毕竟，他们已经为了你奔波劳累了大半生，你不该让他们的后半生享点清福吗？

姑娘，你要好好照顾自己，好好地爱自己。即使是单身一人也要活得多姿多彩。你要记住，这辈子，除了父母至亲，你不为任何人而活，你只为你自己而活。你更加要清楚，你对自己的人生负有不可推卸的责任。

姑娘，不要害怕一个人。单身，意味着你还有选择的余地和空间。单身，说明你有足够的耐心和勇气去等待那个值得拥有你的人。不要随随便便一个男人送点礼物、说点甜言蜜语，你就芳心暗许晕头转向了。你要知道，并不是所有的女孩子都会有好几个备胎，但大部分的男人都会排好几个队。往往对你最穷追不舍的那一个，如果不是出于真心喜欢，那就是你最先给了他可以继续、容易下手的回应。

如果一个男人真心喜欢你，他会选择你喜欢并且接受的方式对待你。同时，他会给你时间做决定，一定会等你的。那些在你犹豫要不要接受这段感情时，转身就离开的人，其实并没有那么喜欢你。

是有那么一部分男人喜欢小鸟依人柔情似水的女孩子，这无可厚非，毕竟，各花入各眼。但如果你们已经恋爱了，在一起了，他才说，不喜欢你这样的性格，觉得你好强又独立。那么，很好，你可以立刻让他滚了。小区出门右转，打车，不送。因为他根本一点都不了解你。真相不是你好强又独立，而是你非常没有安全感，因为你知道，自己如果不坚强，懦弱给谁看？这个世界上只有两种女孩子，一种是幸福的，一种是坚强的。幸福的一直被捧在手心里，从来就不需要坚强，坚强的那一些，却是不得不坚强。

张爱玲说过："我要你相信，在这个世界上总有一个人在等你，无论在什么时候，无论在什么地方，反正总有这样的一个人。"

你才二十几岁，你还有大把的青春年华。我不想你现在就将就，委曲求全地跟一个你并不爱的人在一起。那样，对他不公平，对你更不公平，你把仅有一次的人生浪费在不值得的人身上了。我怕你连年轻的时候都不敢大胆地追求心中所爱，等老了，就只能追悔莫及空余恨了。

姑娘，你一定要努力。很快，你三字头的年龄就要来了。你不指望自己，你还想怎样。你问问自己，如果只是喜欢当一只单纯无知的小白兔，每天捧着奶茶等人来照顾你，你如何经受得起以后的漫长岁月？你就不担心你天天喝奶茶过完二十岁，等到三、四十岁的时候，你身上没有任何时光沉淀过的优雅和美丽，脚下只剩一堆脏兮兮的奶茶吸管吗？

姑娘，别白日做梦了。生活不是童话故事，太梦幻的日子并不适合你。我特别喜欢你低下头来认真做事情的样子，认真的女人才是最美丽的。

累一点也好，苦一点也罢。如果你现在就对自己各种放纵，将来你指望用什么条件来放松？别忘了，你拼不了爹，也拼不了男朋友。你今天付出的所有的努力和辛苦，都是一种沉淀，它们会跟随时间的魔法帮你成为更好的人。现在拼命工作，努力赚钱，是为了以后不再为金钱所累，是为了不让别人有机会用金钱考验自己的本心，是为了将来可以做任何自己想做的事情，去任何自己想去的地方。

姑娘，好好爱你自己，再苦再累，照顾好自己。多疼多累，撑不住的时候大吃一顿，喝点小酒，找一两个知己好友，发发牢骚吐吐槽就可以了。要知道感同身受这句话说起来很好听，但真要实践起来却无比艰难。就像富二代和逆袭的屌丝在一起玩，你羡慕他励志，他却羡慕你有钱。

生活永远在别处。别人的安慰，听到了会心一笑，事后，甩甩头就忘掉。如果你打算指望着依赖着别人的安慰活着，那么你现在就可以去死了。

前天晚上，在微博上看到这张照片。恰巧像本文作者在开篇提到的一样：白衬衫、窄裙、8厘米的高跟鞋……

这个年轻的背影，披满了疲惫。看着让人有些心疼，再联想到自己也曾以这样的背影穿梭在自己的城市里，又不禁有些心酸。

翻看网友的评论里有这样的一句话："毕业进入社会，就像小美人鱼和女巫的交易，鱼尾分裂成双腿，站起来了，但是每走一步却像踩在玻璃渣上一样的痛。加油哟，年轻人。"

是啊，每个在社会打拼的人，都像小美人鱼一样，忍受着剧痛在蜕变。你不能因为怕痛就放弃蜕变，否则你会错过走在广阔土地上的机会。

努力，是我们能做的最好选择。

{眼高手低者
难成大器}

这几天，不停有人直接或间接向我吐槽工作中的不愉快，吐槽内容无非是自己怀才不遇，同事能力不达标、不好相处等等。

有时我会告诉对方，现在你遇到的问题正是展现你的能力、在老板面前成就自己的时候，同时你会练就一颗强大的内心，而后者则是更大的收获。

F是我5年前认识的一个同事，学的专业是音乐艺术。那一年单位恰好举办了一场选秀比赛活动，他在那场活动中表现抢眼，继而被留下。虽然在比赛中表现不俗，但初进单位的他没有任何特殊机会，依然从最底层做起。他做过文字采编、市场拓展、活动策划等工作，经常加班到后半夜，但是早上八点半依然会在办公室看到他活跃的身影。

大约半年后，同事告诉我，F在单位做节目主持人了。我和大家一样很惊讶，从网上找来他主持的节目，看完觉得还真不赖呢！逐渐地，他主持的节目在我们生活的城市小有名气，他的工作越来越多，也越做越好。即使工作多到天天要加班，两个月都没有休息时间，也从不见他抱怨。此时，他还开了一家属于他自己的面馆，并且经营得风生水起。

前年年中，他告诉我他要辞职了，我表示很错愕。他悄悄说，"我要出书了。"这下我倒很淡定，因为我觉得他的故事足够写一本励志型的畅销书了，但他写的却是一本教别人怎么做菜的书。果然，2014年年初的时候，他带着他的新书，在我们城市最高大上的商场做签售活动。此后，我们也不停在卫视节目中看到他的身影。

L是我另外一个同事。她刚进单位时，还是名瘦弱的学生。犹记得她进单位时，因为是新手，又在新部门，很多东西都没有成系统，完全要靠自己一点一点摸索。那段时间又特别忙，加班到深夜是家常便饭。

更难的是，那时她每周都要做专题策划，线上要有专题页面，线下要带活动。线上专题制作，要能画得了框架，P得了图，还得懂代码。代码能难为死她，大家天马行空的想法，就连程序员也面露难色，更何况是一个编辑呢！但是她并没有退缩，而是想尽办法与程序员和设计师沟通，结果她每期做出的专题既好看又叫座。

记得第一次组织线下活动时，因为人员组织问题，她与其他部门的同事产生了不愉快，自己偷偷流眼泪。被大家发现时，她却很快调整好心情，一个电话接一个地打，邀请朋友来参加活动，并详尽地跟对方说我们的活动是如何好玩。活动的前夜确认好各个细节后她才离开办公室，当时已是夜里十点多，第二天她依然精神抖擞地出现在活动现场。

那时候，她还在准备研究生论文。虽然几乎每天加班，周末不休息，自己学业上还有很多重要又紧急的事情要处理，但是从不见她抱怨。3年多时间过去了，L已经升为部门主编，带领着一帮小伙伴在奋斗。现在的她，开朗、自信、阳光、成熟且优雅，年底组织一场几百人的活动也胸有成竹。

前些日子还见她发朋友圈感慨：五年前的我，研二，住宿舍，在电视台实习，做两份家教，内向、焦虑地度过一段迷茫空虚的时光，现在的自己和那时比，是全新的。

正如L所说，她现在是全新的，F亦是。现在的他们，或许还没有取得世俗的成功，但他们的成长是有目共睹的，且这比世俗的成功要重要多了。

说到这里，或许有很多朋友又要说，我付出那么多，就是要成功，要加薪升职。要加薪升职没错，要成功也没错，可是，能否在你想加薪、升职、成功前把你手边的事情做好呢？这世上成功的方法有很多种，唯独没有做梦。

工作中，大部分人都犯了一个致命的错误——眼高手低。很多人不愿意做一些琐碎的小事，但就是这些小事，你琢磨透了，漂亮地完成了，就能给领导留下好印象，让领导看到你的能力和态度。你的工作能力强了，可发挥的空间就大，机会就越多。

只是大部分人，把工作当任务，完成了事。也有些人会觉得自己做了很多，但是却看不到结果，不愿再坚持，也没了耐心。其实，这就像栽树一样，你正在扎根呢。千万不要轻视行动的力量，认真做好你认为对的每一件事。因为，你的成长比成功更重要。

用著名新闻工作者熊培云的话说：如果不想浪费光阴的话，要么静下心来读点书，要么去赚点钱。这两点对你将来都有用。

机遇才不会垂青
心胸狭窄之人

[1]

几年前，我在一家电器公司上班，和许多刚入职场的人一样，对工作充满热情，出差加班从不抱怨。

有一次，总公司的陆经理来探亲，恰好有个外商也要来。主管问我和同事小何：你们俩看看，谁陪陆总，谁负责接待外商？我还没来得及表态，小何就抢先说："我英语不好，还是我来陪陆总吧。"主管暧昧地笑了笑。后来我才知道，小何毕业于外国语学院。

谁都清楚，和总公司的经理混个脸熟，多多少少都是有好处的。可我是个新人，没什么能争的。于是，我去机场接了外商，又用蹩脚的英语陪老外东走西逛了两天。窝火的是，那个老外还比较挑剔。尽管满腹牢骚，可事情就这样过去了。

大约三个月以后，那个外商又来了，指名道姓要我陪，还帮我拉了一个大单，陆陆续续又给我介绍了很多客户。正是凭借这些业绩，年底考核时，我顺利升为组长，而小何却辞了职，据说对我"独吞老外"这事，颇有微词。

幼年时，父亲教我，吃亏是福；入学后，师长也教我，吃苦是乐。当时年少，并不是很能通透理解。直到自己走进社会，才真正理解，福缘皆有因，你付出什么，世界就回馈给你什么。

作弊的人生没有前途

[2]

常听人说，这一路走来，幸有贵人相助。感恩戴德。我们也都希望自己的生命中能出现贵人，来帮助自己渡劫平难。那贵人从哪里来？

大多都看似偶然出现，在你走投无路、遭遇困境时从天而降，给你支持或指明方向。但其实这是必然的，这一切都和你日常的行为积累有关。你要相信，没有谁会平白无故就帮你，一定是从你身上看到了可取之处。

报纸上看到，一个富翁无儿无女，准备在员工里挑选一个接班人。他观察许久，也没有合适人选。后来发现一个年轻人总是提前下车，特意到一个残疾人开的包子铺买上几个包子，然后再走上两站地去公司上班。富翁经过长时间考察，三年后，买包子的年轻人成了公司副总。你能说，这是运气吗？

在我们身边有太多"精明"的人：挤公交车一直坐后面，因为前排要让座；朋友聚会，买单的时候恰巧去洗手间；甚至连打电话，都是晃一下对方，然后等对方回过来，你是长途，难道对方是市话吗？

有的人以为别人都傻，实际上真正有涵养的人，不会跟你较一时之短长。但在关键时刻，他们可能会给你投上反对票。这也许就是你遇不到贵人的原因。试想，谁愿意把机会给一个心胸狭隘、锱铢必较的人呢？

[3]

人生是一场漫长的修行，你的任何行为都可能在你未来的人生中产生效应。都说大智若愚，有些人看上去"傻傻"的，苦的累的抢着去干，但傻人总是有些傻福，所以"精明"的人通常都不会理解，便把对方的成就总结为运气好。

我有两个在大城市打拼的好朋友，商量着一起回老家做同一个项目。其中一个想：既然这样，不妨让他先干着试试，好了我再动手，不好我就绕开。结果，等对方做起来以后，他再想参与已经晚了。

我不知道什么叫做智者，但我知道，一个真正聪明的人，不会总在别人身上谋算得失，他们无一不是先做好自己。

塞翁失马，是我很喜欢的典故。我深信，一个人失去的东西、吃过的亏，都会在其他方面得到更多补偿。而那些只想在一顿饭、一张车票上占些蝇头小利的人，也将在其他方面吃大亏。

一个人的快乐，不在于拥有得多，而是计较得少。你有便宜可占，就要有人吃亏。心胸宽阔一点，名利淡泊一些，少一分物欲，就多一分静心，少一分算计，就多一分功德。

祝你活得开心快乐，不再患得患失。

{ 没有走捷径的能力，就不要动走捷径的心 }

[1]

朋友报了个健身私教班，一个月腰围减了7厘米，我们决定跟她一起去见识一下。

我们这些人，都是"先吃吃吃、然后减减减"培训班的常客，管不住嘴，迈不开腿，偶尔发奋健身三个月，腰细了，腿有劲了，Angelababy同款连衣裙可以穿了，优雅绑带高跟鞋也能驾驭了，然而胡吃海塞两星期，一夜回到解放前。

健身是最残酷的事业，想要减肥不反弹，挨饿就不能间断。

可是，人的天性中就有爱幻想的基因。所以昨天，我们跟她去了私教的健身房，却收获了满满的失望。

本来以为他掌握了独门秘籍，结果发现他只是耿直。只招"听话"的学员：晚上11点之前必须睡觉、低卡低脂饮食、每周至少上三次课，每次至少两小时。做不到就请回去吧，我教不了你。

当时，我心里的想法是，如果我能做到这些，还干啥要你教？

所以今天早晨七点，我就去健身房打卡了。边走跑步机，边想幸亏没报私教课，跑那么远花那么多钱做的事，跟在家门口健身房一样。

大家都想做聪明人，不想做笨人，但只有走了很多弯路以后，才明白原来抵达目标的路只有一条，就是自己之前瞧不上的。

七月，我回老家，清理书架时发现许多高中的英语工具书，包括《中国人的第一本单词书》、《单词快速记忆法》、《创新方法记单词》、《这样记单词最省力》……

百感交集，套用一个时髦的句式是：你看了那么多技巧书，也没有学好英语。

高中时，同桌是英语课代表，我是英语学渣。我总觉得自己英语学得差，是没掌握方法，一定有一本神奇的书，可以开启我的神奇之旅。所以，同桌背字典的时候，我在研究快速记忆法；同桌背课文的时候，我在研究怎么记单词最省力；同桌背句型的时候，我在研究学英语的创新方法。后来，同桌上了北外，我进了大学还是英语学渣。

我曾经认真跟同桌探讨，到底有没有学外语的捷径。她也认真的回答我："功夫到了，一通百通，可能就是你说的捷径；功夫不到，找捷径是浪费生命。

最近几年接触不少创业者，基本可以分两大类。一种善于从最小的事情做起，充满热爱与激情，像养孩子一样养公司；另外一种，善于从信息、人脉做起，每天都在找贵人拉投资，只动嘴、不动手，幻想借别人的力量壮大自己。

他们知道很多高深的商业名词，却忘了一个最简单的道理：只有站在同一水平线的人，才有机会合作。

有些事情，的确有捷径可走，比如餐厅爆满的时候，别人在等位，你眼尖看到一个空位就坐了。这是小聪明，小聪明用在小事上。但凡关系到事业、家庭的大事，想走捷径的，往往走了弯路，绕一圈回来，还得老老实实地以毅力加持天分，用坚持延继好运。

[3]

爱情婚姻中，想走捷径的人更多。以为找一个合适的人就可以一劳永逸，结果不出三年，对方就从合适的人变成了渣男。

嫁给谁，是爱情的终点，却是婚姻的起点，这是电影前传与续集的关系，第一部得了奥斯卡，不代表第二部不会口碑扑街。

结婚变得越来越难，同样与太多人想走捷径有关。结婚前千挑万选，有时候难免挑花眼或者越挑胆子越小、顾虑越多。结婚这件事，不是把人选对了，从此王子公主就过上了幸福的生活，而是无论这个精心选择的人，当初满意度有多高，结婚后依然要面临经营与磨合的问题。

每一个幸福的家庭都是相似的，双方彼此坦诚、包容、赞美；擅于学习、反思；不断刷新自己对于婚姻的认知，坚持去爱，努力去爱，不管能不能白头偕老，都要有白头偕老的决心……

[4]

幸福的婚姻三分天注定，七分靠经营，无论你遇到谁，都没有捷径可走。

相信捷径可以通往成功的人，失败的时候，经常叹息运气太差。可是，生活不是博彩，运气从来不是大哥，每一个好运的人，都是在简单的道路上，坚持前行的人。

如果你自认为聪明、努力，却经常被生活打脸，给你三条建议。

你可以"不走寻常路"，但只有不寻常的努力，才配得上不寻常的创意。

没有一种答案可以解决所有问题。生命是一个积累问题、解决问题的过程，在这个复杂而庞大的体系中，寻找总开关注定徒劳无益。无论你多牛，生活在你面前依然是一团乱麻，你要有足够的能力、耐心、技巧，一一解锁。然后，调整表情，露出白牙，迎接下一团乱麻。

你与传奇之间，隔的不是运气而是坚持。把一件简单的事做到100分，一次是小事，100次就是大事，1000次可能就是传奇。你看到是别人的第1000次，所以误解有一条路，能从零直接跨越到1000，大部分传奇就是这么来的。

{ ## 定好位才
更有地位 }

只有人尽其才，物尽其用，才能真正发挥其应有的作用，实现自身的价值。在生活中，每个人都要尽可能找准自己的位置。很多人抱怨自己怀才不遇，其实是你被放错了地方。

人一旦被放错了地方，就是垃圾。这里垃圾的意思，不是说你一钱不值，而是说你的境地压根就无关你的才能。你纵有用武之力，但无用武之地，是"锅台上跑马，兜不了多大圈子。"

五七干校中很多干部、很多知识分子被下放，到农村去劳动，他们的农耕水平还不如一个平常的老农。能研究原子弹的未必能煮得了茶叶蛋。北大的教授未必能将农场的猪养得白白胖胖。

记得上大学的时候，有一年暑假，在农村老家参加卸炉、劈柴、系柴、上炉，活干得笨拙和陌生，远不及一个村里的小孩，本家一个老兄就笑话我："哼，你还是大学生呢？"虽然很无奈却是实情。

前段时间，北京大学女研究生苏黎杰做了个油漆工，她的油漆技术的起点和小学没毕业也干这个活的人是一样的。干的活儿无关高学历。那个华中师大人类性学专业全国第三个性学硕士研究生彭露露，虽然，"一般一般全国第三"，因为没有用人之处，和小学没毕业的找不到工作的人一样找不到工作。

身在教育，说说教育。现在的中小学学校里，尤其是农村，有一种错误的倾向，当然或者是出于无奈，就是在安排教师任课上存在一种浪费人才的随意性。一个教师，本来他的专业是中文，偏偏让他教政治。有的老师本来专业是数学，偏偏让他教化学。等等。这样安排工作，不利于教师的专业发展，到头来不利于孩子的学习。没学这个专业，偏偏要教这个专业，教师教得就会吃力而且没有深度，以己昏昏，难使人昭昭。而孩子学的就往往是课本上的东西，知识也没有得到拓展。要交给孩子一杯水，老师有一碗水、一桶水、一池水的效果是不一样的。

一个人找不到自己的位置，这正如：

你是一只兔子，却在游泳队任职。

你是一只乌龟，却在长跑队工作。

这是让曹操的旱鸭子部队去打水战，是让大宋的步兵去和边疆的游牧部落对抗骑射，是让大学教授教育幼儿园的幼儿，是让高射大炮轰打蚊子，是让扶不起来的阿斗治理国家，是让久居皇宫的平民后的溥仪自己去做红烧鱼，是让鱼目做珍珠，是让大钞做手纸。

一场大水后，只有两个人得以幸存。他们在洪水到来前的最后一刻，爬上了最高的一棵树。甲逃难时带走了家里的干粮，乙带走了家里的金元宝。后来，乙饿死了，甲坚持到最后，捡起元宝返回地面。

在特定的处境下，窝头比元宝更金贵。

在这种情况下，你纵是一块大金子，就是自身再努力也白费，你也逃脱不了成为垃圾的命运，难以逃脱注定出局的结局。

明朝冯梦龙《古今谭概》"俗语云：龙居水浅遭虾戏，虎落平阳被犬欺。"又有俗话云："落魄的凤凰不如鸡"。事实就是如此。看现实生活中，多少干部在任时，有着雄才大略的英武，有着风流倜傥的俊逸，调兵遣将，指挥若定，运筹帷幄之中，决胜千里之外，一旦退居二线，面容也萎缩，行动也迟缓，提着笼子架着鸟，马路之上靠边站。不是他没有才华了，而是没有施展的地方了。

人得其所，这是人生的关键。

刘备算得上是《三国演义》中的英雄，有用武之义，有用武之气，有用武之才，但无用武之地，正是诸葛亮的隆重对策，指出了以西川为用武之地的策略，正是切中要害，从此让刘备一步一步壮大起来。再退一步讲，如果刘备安于"贩屦织席为业"，张飞安于"卖酒屠猪"，关羽安于推车挑担，没有结义后的以天下为自己用武之地的抱负，也就没有这段波澜壮阔的三国历史了。

现在很多地方热衷于会展经济，官方常用的话语就是"文化塔台，经济唱戏"，台，就是平台，就是媒介，就是用武之地。台，是形式。但没有这个形式，就不能达到"唱戏"的目的。

何谓明智？知人者明，自知者智。正如真理和谬误只是一步之遥一样，天才和垃圾也是一步之遥。每个人，在有了知识和技能储备以后，下一步就是找到自己的"位置"，找对了位置就是天才，找不对地方就只能如同垃圾。聂卫平下棋很厉害，但比长跑可能不如我们。刘翔跑得很快，下棋水平可能比我们差远了。姚明别看打篮球是好手，比赛写稿子，很可能跟我们差一大截。但他们三个人，都是世界冠军，是因为他们找到了自己的位置，然后在这位置上付出了自己的不懈努力。

说到这里，又想起唐代韩愈的《马说》了，"千里马常有，而伯乐不常有。故虽有名马，祗辱于奴隶人之手，骈死于槽枥之间，不以千里称也。"千里马常有，但伯乐不常有，你纵是一匹千里马，但是你的处境是"槽枥之间"，而不是任你驰骋的疆场，你就只能是"辱于奴隶人之手，骈死于槽枥之间"的结局了。

找准位置，你就是一条龙。

找不准位置，你就是一条虫。

当然，要先成为千里马，然后去找你属于自己的"位置"。

人怕找错行。现在的大学生，到大学读书，一定选择自己喜欢适合自己的专业，然后学深，学透，学精。走出校门，力争做到专业对口，这样才距离做出成绩的目标不再遥远。

有个"漂母饭信"的故事，在这里提一提。韩信年轻时，家里很穷，经常吃蹭饭。有很多妇女在河边漂洗丝纱，有位老大娘看见韩信饿了，就匀出自己的饭给韩信吃。韩信感激地对这位老大娘说："得志以后，一定要重重地报答您老人家！"谁知这位老人非常生气："你作为男子汉，居然不能养活自己！我是看着你可怜才给你饭吃的，谁指望你报答啊！"就是这位养活不了自己的韩信，却有着杰出的军事才能，"韩信将兵，多多益善"，找对了处所，就是一个将军。找不对处所，就是一个流浪汉。

如果刨除有意而为的因素，姜子牙如果遇不到文王，或许以后只能是一个垂钓的隐士。同样，如果刘备一顾茅庐就摔门离去，或许诸葛亮以后就真的做一辈子布衣而"躬耕陇亩"。

是一匹骏马，就不要局限在锅台上跑马，而要到广阔的草原上驰骋。

是一只雄鹰，就不要习惯在檐下低徊，而要去搏击长天。

"人放错了地方就是垃圾"，这句话倒过来考虑，就是如果你现在感觉你的处境很恶劣，不妨换换自己的心理环境、工作环境，或许就是一片新天地。这就是人们常说的"树挪死，人挪活"了。当年的剧名吕剧表演艺术家郎咸芬，就是因为处处受排挤，一怒之下，"誓将去汝，适彼乐土，乐土乐土，援得我所"，离开了剧团，来到了省城济南发展，"此处不留我，自有留我处"，找到了自己的用武之地，很快成为全国著名的吕剧表演艺术家。代表作吕剧《李二嫂改嫁》，引起全国轰动。

有了自身的才干，然后找准自己的位置，这是走向成功的前提。

{埋头苦干的得来的成功最有价值}

在今天的社会上，有不少年轻人因为种种原因陷入颓废的境地，他们常对别人说："过一天算一天了"，"能混口饭吃就不错了"，"怎么做都不至于丢掉饭碗吧"！

他们实际上已经承认了自己人生的失败，根本就谈不上什么"进步"与"成功"。

年轻人，快提起精神，积极行动起来吧！振作精神能够使你的生活变得充实起来，并使你重新获得无穷的乐趣。如果终日萎靡不振，做什么都不会有进步。你必须以你的全部精力与体力去完成工作，每天都要使自己的能力有明显的进步，经验有相当的积累。因为所有的工作都可以增加我们的才能，丰富我们的经验。如果一个人能振作起来，并且持之以恒，那么他的收入不久将会有质的飞跃。

世界上没有一件伟大事业是只想"填饱肚子"的人或者"得过且过"的人干成的。做成这些大事业的，都是那些意志坚定、心怀抱负、不畏艰苦、积极主动的人。

试问，一个想创作传世名作的画家，如果拿笔的时候心不在焉，画画时也有气无力，只是东涂西抹，那么他能画成一幅传世名作吗？

对一位想写出名垂千古的好诗的大诗人来说，对一个想写出一部被人传诵的名著的作家来说，对一个想在一门有利于人类的高深学问上有所成就的科学家来说，如果他们工作时也无精打采、草草了事，那么他们能有成功的那天吗？

豪勒斯·格里利先生说，如果想把事情做得完美，就非得有深邃的目光和十分的热忱不可。一个生气勃勃、目标明确、深谋远虑的人，一定会接受任何艰难困苦的挑战，会集中精力向前迈进。他们从来不认为生活应该"得过且过"，所以，他们的生活每天都是新鲜的，他们每天都在按计划进步，他们知道，一定得向前，不管是进了一尺还是一寸，最重要的是每天都在积极进步。

大音乐家奥雷·布尔实在是最好的典范。

这位举世闻名的音乐家在舞台上一拿起他的小提琴，听众们就会为之倾倒。奥雷·布尔的音乐就好像微风送来的阵阵花香，使人们忘掉了一切烦恼、辛劳。

那么，奥雷·布尔是如何获得成功、成为一代音乐大师的呢？

在他小时候，父亲就强烈地反对他学小提琴；与此同时，贫穷与疾病也总是与他如影随形。但是，奥雷·布尔有充分的热忱和专心致志的态度，这使他最终克服了一切障碍，成为闻名世界的大音乐家。

世界上有太多的人在在糟蹋自己的潜能和才干，每当遇到必须由他们自己来负责的事情，他们总是习惯性地躲开，恨不得立即有人伸出援手来帮助他们、保佑他们。

在这些得过且过、消极懈怠者的眼里，世界上一切好位置、一切有出息的事业都已人满为患。的确，像这样懒散成性的人，无论走到哪里都没有人需要。各行各业需要的是那些肯负责任、肯努力奋斗、有主张有见地的人。

有些年轻人在心里常常这样想："我不想做一个一流人物，只要做个二流人物就满足了。"

这种人的想法其实一点儿不高明，如今社会上如同滞销的劣货一般不被人所需的人，大都怀着这种心理，他们永远无法跻身一流行列。

二流的人物像二流的商品，除非别人找不到一流人物，才会将就着用。但用人者总是希望找到一流人物为自己的机构服务的。

无法跻身一流行列的人，自然就成了社会生存竞技场中的失败者。原因可能是多方面的，有的是因为从小生活在不良的环境中，不自觉染上了坏习气，难以自拔；有的是由于没能受到良好的教育，或没有受过完善的为人处世的训练。

一个人唯有靠自己的奋斗，竭尽心智、克服重重艰辛谋到财富和成功，才算得上真正的光荣，才能获得他人的信任和尊重。如果你现在的一切并非经自己的努力，而是通过其他方式谋到的，那么你做起事来感觉一定不会太好。假如你的职位是得于父母的关系，你一定会觉得工作非常生疏难做，因而常常没有太大的兴趣。这些重要的职位绝非浅陋的学识、低劣的才干胜任得了，所以，在这个并非你自己谋得的位置上做事时便会到处碰壁，那时，你仍愿意在那个位置上继续干下去吗？

我们经常可以看到这样的悲剧：一位富商把自己毫无本领的孩子安置在自己的公司，职位还高人一等。在他手下做事的普通员工几乎都比他努力，经验丰富。试问，如果那孩子稍有些见识，会怎么想呢？他一定会感到羞愧难当。其实，他自己心里也明白，这个职位应该由一位在商界工作多年、精明能干、富有经验的人来担当，而自己现在仅仅因为父亲的关系占据着高位，几乎是不劳而获。只要他觉察到这个问题，一定会觉得这有损自己的自尊，无法昂首挺胸地做人。

请牢记：如果财富与成功的获取不是靠自己的埋头苦干，不是基于自己过去的业绩，那么即使获得了，也毫无意义、毫无价值。

{ 作弊的人生 }
不存在侥幸

潘建华和妻子是一对令人羡慕的高学历夫妻，俩人一个是博士，一个是硕士，他们想在教育领域做出一番事业。当时社会上正兴起学历热、考证热，夫妻俩决定利用自己的聪明才智赚钱，于是成立了武汉华顺经纬公司，负责考前培训。

夫妻俩都是草根出身，算是白手起家。他们把家里所有的钱都拿出来，注册公司、交租金、购买培训设备、请讲师。经过一阵折腾，总算是正式开张了。

然而真正做起来以后，夫妻俩感到困难重重。报名参加培训的多是在职人员，离开校园多年，对文化课早就生疏了，再加上工作及其他琐事，很难静下心来学习，导致考试通过率低，进而影响之后的招生。在这样的窘境中，培训公司面临关门的危险。这时，潘建华偶遇一名初中同学，吃饭间，同学得知他的状况后，拍着他的肩膀说："这样吧，过两天我给你点流动资金。"

果然，两天后同学特意来找他，从包里拿出一个厚厚的信封，说："不过，你要帮忙哦。"接着同学说明了来意，原来过些日子同学将面临一次决定前途的考试："你知道我最怕考试了，咱俩身形相貌挺像的，你又如此博学，是个绝好的机会。"替考？潘建华犹豫了。同学指着厚厚的信封说："这只是定金，只要顺利通过，我再给你追加一份！"潘建华动心了。

这次考试非常顺利，潘建华又从同学那里拿到了一笔"流动资金"。之后不久，初中同学又给潘建华介绍了一个"业务"，对考试驾轻就熟的潘建华自然又是一次通过，当然也得到了不错的报酬。"原来赚钱这么轻松。"初尝甜头的潘建华意外发现，替考竟然有如此大的利润空间，他仿佛找到了"钱途"，决定全力投入其中。

潘建华替考的通过率很高，很快有了名气，找他替考的人越来越多。起初他靠的都是自己的实力。在同一考试中，他先进入考场替考，提前交卷并带出答案，请员工传给自己公司的培训考生。这样一来，他的培训公司也有了名气，报名者越来越多了。"做大做强"之后，潘建华不再亲自上阵，他招了很多枪手。随着考生日益增多，枪手这种最原始的作弊也有些力不从心了。

一次，潘建华的妻子在逛电子城时，某商户看到她手里的考研资料，悄悄地把她喊过来，神秘地问她想不想顺利通过考研。见魏丽迷惑的眼神，商户把她拉到里间，在这里她第一次见识了各式各样的作弊设备，想到自己公司的枪手，她深深感到自己太单纯了，科技如此进步，自己竟没有好好利用。

回到家，她和潘建华讲了自己的感触，决定先购买一批作弊设备。两人密谋了半天，研究出了一套完善的作弊流程。大致分为三个阶段：招生推广、业务培训、实施作弊。他们先招聘了一批招生经理，以考研培训名义分别进行网络招生和各地区代理招生。招到作弊考生之后，他们先与考生签订所谓的"委托服务协议"，按照专业、学校、保底分数线的不同，分别收取一万至数万不等的费用。然后通过网络公司购买答案，再根据考生的需要，安排替考或是作弊设备接收答案。

2014年12月27日，在全国举行的硕士研究生考试中，武汉专案民警和无线电管委会工作人员追踪到可疑信号，乔装后进行突击，共抓获作弊团伙成员8人，查证违法所得1000多万元，涉案考生884人，收缴助考作弊设备60余套。潘建华夫妇失联，警察把他两列为网上逃犯。2015年3月，两人一同投案自首，承认了公司的助考作弊、代写论文等多项违法犯罪活动，等待他们的将是法律的严惩。

聪明才智用错了地方，就难以抵挡畸形的发财梦，只为钱途，最终毁了前途。人生没有捷径，作弊的人生也不存在侥幸。

{ 努力之前，能不先说理由吗 }

前几日，朋友青青费心筹备了一年的小咖啡厅正式开业了，邀请我们几个闺蜜过去坐坐。席间，闺蜜小凡满脸羡慕的表情说："能开个自己的咖啡厅真好啊，那可是我儿时的梦想啊！"

一个朋友便说，"你也可以开啊，有梦想就要努力去实现。"然后小凡说，"我家可没有这么多资金，能拿来给我开咖啡厅。"青青一听，不太高兴，"我可没有用家里的钱，用的都是我这几年工作攒的钱。"

小凡又说，"那开咖啡厅得懂得市场营销与管理，还得懂得西餐和咖啡吧，我也不是学相关专业出身的，现在也没有那么多时间学，我平时工作也挺忙的啊，总不能耽误工作吧。"另一个朋友便说："我记得青青也不是学这些专业的吧，青青好像是利用自己的业余时间去到处上课吧。"

然后小凡又说："我身体不好，要是业余时间都占满了，不能好好休息，生病了又花钱看病，岂不是得不偿失。"

"也不一定非得占满业余时间啊，有时间就学学，为以后开咖啡厅做准备啊！"

"开咖啡厅得有人脉资源吧，青青长得那么漂亮，应该很容易有很多朋友吧，我就不行了，人丑就是倒霉啊。"小凡说完这句话后，席间终于安静了。因为我们知道，不管说什么，她总是能有理由反驳。

她不是真的不能开这个咖啡厅，而是她根本就不想为梦想付出任何努力。

因此她要为自己的不努力去找很多看似合理的理由，好让自己能欣然接受自己的不努力。其实，大多数人的一事无成，大抵都是因为太会给自己找理由了。

你羡慕同事步步高升、薪资翻倍，但你却说："人还是要有自己的生活，把生活都献给工作，活着也没什么意思。"所以当同事拼命加班时，你毫无压力地选择继续上班看视频。

你羡慕闺蜜会五种乐器、六种语言，但你却说："这些事情也不是什么正经的事，还是好好工作先，何况人家都是小时候学的，我现在都老了，学也学不会，又何必浪费时间？"其实想学东西，什么时候都不晚，你只是想给自己一个不学习而去逛街的好借口。

你羡慕朋友走出小城市，在北上广开启了一片新天地，但你却说："大城市机会本来就多，我去我也行，但父母在不远游，我还是要在家照顾父母。"你没有看到别人在大城市也是需要努力的，因此你安心地在小城市过着平淡的生活。

甚至于你羡慕别人减肥成功，但你却说，"先吃完这一顿再继续减，吃饱了才能有力气减肥嘛。"所以你吃了一顿又一顿，只是为了给予自己所谓的"力气"。

然后你说，"我说的难道不对吗？本来大城市机会就是多，本来身体健康就是比工作更重要。"

没错，你说的都对。为你不想做的事情找理由，只要你想找，总能找出千百个来。就像是吸烟的人，如果不想戒烟，他可以为吸烟找出100个好处来，但他就偏偏对"吸烟有害健康"这个不吸烟的理由熟视无睹。根据心理学认知失调理论来说，如果一个人的行为与态度是相反的，他自身就会感到非常不舒服。而你为了让自己感到舒服，就只能去寻找理由平衡你的态度与行为。

你不想去努力，不想去付出，做什么都嫌麻烦，所以你给了自己很多不做这件事情的理由，这样你就可以心安理得地待在自己的"舒适圈"中。你害怕看到自己的无能和没本事，所以你把自己的失败与别人的成功都归结于社会环境、运气、外貌甚至是天气等外在不可控因素，这样你就可以摆出一副无辜的姿态，摊摊手说，"我有什么办法呢？这又不是我的问题。"

你真的太会给自己找理由了，你总是能在众多理由中找到对自己"最有利"的那个。你巧舌如簧、能言善辩，你句句在理、无懈可击。但你赢了口舌，最终却输了自己。

你为自己找的每一个"不能做"的理由，都好似一块巨石，在你还没开始迈出第一步时，就否定了所有的机会与可能，堵住了你所有前进的道路，最终让自己无路可走、作茧自缚，把自己捆在了所谓的"舒适圈"中，一事无成；你为自己找的每一个"失败"的理由，都好似一块黑布，蒙蔽了你的双眼，让你看不清事情的真相，当你认为一切都不是你的问题时，你又怎会做出任何改变？又怎可能改变失败的命运？

不是任何人打败了你，是你对于慵懒的欲望与失败的恐慌打败了你；不是任何事难住了你，是你给自己找的那许多理由难住了你。

所以，不要再去给自己找理由了。成功的第一步总是要直面自己的问题，而不是一味地逃避、欺骗自己。当你知道你的不作为不是因为别的，而就是因为懒时，你才会去变得勤勉；当你知道你的失败不是因为运气不好，而就是因为自己能力不佳或不够努力时，你才会去改善自己。虽然自我否定的过程总是痛苦的，但成长终究是与自我的搏斗与对抗，总好过你百般迁就自己的欲望，最后"葬"在自己的温柔乡中。

[1]

十六岁那年，她离家出走。

小女孩离家出走，通常不是什么开心事，但她不，背着帆布背包迎着朝阳走向汽车站时，她心情无比清爽畅快，仿佛离开的是一个监狱，一个战场，一个垃圾堆。

那怎么算得上家呢？那个暴躁的随时准备抄家伙打人的爹，那个刁蛮的永远怨气冲天的妈，那个三个人谁看谁都不顺眼的小团体，简直玷污了家这个称呼。

[2]

她投奔了在隔壁城市打工的闺蜜，这是早就联络好的，闺蜜了解她的处境，很义气地收容了她，还介绍她到自己打工的厂子工作。

刚开始都还不错。她换了新活法后，踌躇满志意气风发。她的俊俏活泼赢得了小组长的喜爱，他对她很好，总把最轻巧的活派给她。她开心又得意，完全没意识到小组里十几个女工都为此窝着火，其中也包括那个救她于水火的闺蜜。

她渐渐不明白怎么大家都冷淡孤立她，老拿她当靶子，她一个小错，就被宣扬得满城风雨。

闺蜜指点她："别跟组长走太近。"

她当然不愿意，隐隐觉得闺蜜是在嫉妒，心里不禁失望。

后来有一次，她和组里一个姑娘吵架，工友们都帮那个姑娘拉偏仗，六七张嘴一起数落她，而在她委屈无助时，闺蜜远远地躲在一边，没帮她说一句话。

她想，那是因为嫉妒而生出的冷漠和绝情。

她们之间于是有了很大隔阂，而不久之后，小组长也不再对她好。她不得已离开了那个几乎全是敌人的厂子，流浪到别的城市。因为已经有了一点钱和一点工作经验，也慢慢地生存了下来。

[3]

再回家时她已经二十五岁，父母都有点老了，对已经崛起的她有了些敬畏，不再动辄打骂，于是她留在他们身边，结了婚。

老公是个生意人，本性敦厚，但生意做久了，难免有些狡诈习气。

她常常觉得不对劲，店里的账目不对劲，他的行踪不对劲，于是免不了去查，发现一点问题，便生气，较劲。他搞不过她，只好一步步退让，钱全交给她管，手机信箱随她查，天长日久，他怨气越来越多，两人开始整日争吵，情况像极了当年她的父母。

一次他大打出手后，她遍体鳞伤地回了娘家。老爹见状愤怒不已，直接抄起棍子要去弄死他。老妈破口大骂，说："你去弄死他，回头你也死掉，我们娘俩都守寡，都清静。"

老妈是怕他们出事，她当然知道。

换作以前，她一听爹娘吵架就烦死了，觉得他们真是不可理喻。但这一次，在老爹的愤怒和老妈的咒骂里，她深切体悟到，他们是爱她，只是表达方式太粗暴了。她也明白了，其实他们一直在以这种方式爱她。而她从来只看到这粗暴，没琢磨过那后面，是爱在推动。

那次动手之后，她和老公达成协议，她不再控制他的花销，不再干涉他的隐私，而他保证绝不做有愧于她的事，否则就净身出户。

日子太平了许多，她心态也变了许多。有一次老公的手机落在家里，她连想去翻看的念头都止住了。因为知道多看无益，只要他还一心一意为这个家奔忙，就不会有太大差错。

再后来，她想起当年收留自己的闺蜜，心里的感恩，多过了怨恨。不管怎样，人家是帮过她大忙的。那些小嫉妒，实属人之常情，本来就不该计较，那时候她太较真了。

[4]

她在三十五岁这年，终于知道为什么这些年日子总是别扭，她是把家人、朋友、爱人的位置搞乱了。

对家人来说，因为太亲密太熟悉，便常常用简单粗暴的方式相处，于是难免彼此误伤。这时候其实应该抛开表象，去看他们的内心，看清他们真的是为自己好，便很容易谅解那些无礼的伤害。

而朋友则不同，再好的朋友，也不会在所有时间所有事情上都步调一致，大部分时间，总要各自为谋，她有她的心思，你有你的打算，所以不能计较她偶尔的自私、虚伪、不妥帖，更不能过多揣测她的思想，否则多半会失望，继而失去她。你愿意与某人做朋友，就说明ＴＡ的好是多于坏的，那么你最好就站在一个"刚好看得清好，看不清坏"的地方，投以欣赏的眼光就行了。

爱人呢，应该是介乎亲人和朋友之间的存在，双方既像亲人那样彼此相爱，又像朋友一样各自独立，所以既要贴着对方的心，又不能过于冒犯那颗心，这分寸极难把握，需要两个人长久地相互调整适应。

就是说，我们这颗心，应该钻进家人心里面，站在朋友心外面，贴在爱人心旁边。保持正确站位，才能营造一片和谐。

无论什么关系，如果位置站错了，可能就全错了。

如果你总是觉得与人相处不好，各种拧巴失望不如意，不妨试着调整一下自己的站位，找到真正适合你们的距离。

人生里的很多不幸福，都是因为站错了位。